我国节水型社会建设评价指标体系及综合评价方法研究

Research on Evaluation Index System and Comprehensive Evaluation Method of Water-saving Society Construction in China

张熠 著

中国财经出版传媒集团
经济科学出版社
Economic Science Press

图书在版编目（CIP）数据

我国节水型社会建设评价指标体系及综合评价方法研究/张熠著．--北京：经济科学出版社，2022.7
ISBN 978-7-5218-3735-3

Ⅰ．①我… Ⅱ．①张… Ⅲ．①节约用水-评价指标-体系-研究-中国②节约用水-综合评价-研究-中国
Ⅳ．①TU991.64

中国版本图书馆CIP数据核字（2022）第105297号

责任编辑：杨 洋 卢玥丞
责任校对：王京宁
责任印制：王世伟

我国节水型社会建设评价指标体系及综合评价方法研究
张 熠 著
经济科学出版社出版、发行 新华书店经销
社址：北京市海淀区阜成路甲28号 邮编：100142
总编部电话：010-88191217 发行部电话：010-88191522
网址：www.esp.com.cn
电子邮箱：esp@esp.com.cn
天猫网店：经济科学出版社旗舰店
网址：http://jjkxcbs.tmall.com
北京季蜂印刷有限公司印装
710×1000 16开 15.25印张 240000字
2022年7月第1版 2022年7月第1次印刷
ISBN 978-7-5218-3735-3 定价：57.00元
（图书出现印装问题，本社负责调换。电话：010-88191510）

前　言

淡水作为一种短缺资源是非常宝贵的，水资源短缺危机已成为很多国家必须面对的问题。目前，我国水资源所面临的严峻形势和粗放的用水方式已经成为制约经济社会发展的重要因素之一。要解决水资源短缺、用水浪费及水生态环境严重恶化等一系列问题，最根本的解决措施就是转变我国的经济发展方式，贯彻节约优先和环保优先的方针政策，重点建设环境友好型和资源节约型社会，而其中的节水型社会建设是最有效的解决途径之一。节水型社会建设不仅是解决我国水资源短缺问题的最根本措施，还是我国经济社会实现可持续发展的必由之路。节水型社会建设对于实现水资源的可持续利用、生态环境的良性循环及经济社会的持续发展有着极其重要的意义。

研究节水型社会建设的根本目的就是要科学合理地开发利用和保护水资源，从而实现水资源、生态环境与经济社会三者之间的相互协调发展，实现水资源的可持续利用，同时全方位满足农业、工业、生活和生态的需水量，最终实现人类社会的可持续发展。随着社会、经济的不断发展，节水型社会建设也在不断发展。为了科学掌握我国节水型社会建设的步伐和进程，对我国节水型社会建设的状况和水平进行准确的分析和评价，就必须构建一套科学合理的节水型社会建设评价指标体系和评价方法。

本书研究针对我国水资源开发利用的现状和所面临的一系列问题，对节水型社会评价的研究现状和进展进行了综述，在已有研究成果的基础上，提出了主要研究内容、思路和方法。围绕节水型社会评价问题，分析了其所依托的基本理论——可持续发展理论、循环经济理论、环境社会学理论、系统科学理论和评价学理论。通过对“水资源—生态环境—经济社会”系统及其子系统进行分析，在遵循指标体系设计的指导思想和原则的基础上，建立了节水型社会建设评价指标体系。通过对现有赋权法及评价方法进行对比分析，构建了基于 G_1 - 法和改进数据包络分析（DEA）的节水型社会建设评价模型，并根据统计数据对我国节水型社会建设评价进行实证研究，评价结果和实际情况比较吻合，取得效果较好。同时，结合我国目前的节水现状，有针对性地提出了相关对策与建议。

本书一共分为 8 章，各章主要研究内容如下：

第 1 章为绪论。主要介绍选题的研究背景、研究目的与意义，并针对我国水资源开发利用的现状和所面临的水资源短缺、流失、污染、浪费等一系列问题，对节水型社会评价的研究现状和进展进行了综述，在已有研究成果的基础上，提出了主要研究内容、研究方法和技术路线。

第 2 章为节水型社会评价的理论基础。在综合理解节水型社会的概念、内涵和特征，以及参考国内外重要文献的基础上，对节水型社会评价依托的基本理论——可持续发展理论、循环经济理论、环境社会学理论、系统科学理论和评价学理论进行了详细的阐述和研究，并提出了我国节水型社会建设的指导思想、基本原则、目标和任务。

第 3 章为我国节水型社会建设评价指标体系设计。基于节水型社会是水资源、生态环境、经济社会协调发展的这一认识，构建了由水资源系统、生态环境系统及经济社会系统相互耦合形成的节水型社会评价系统。同时，在遵循节水型社会评价指标体系指导思想和设计原则的基础上，通过对各子系统及其影响因素进行分析，采用频度统计法和理论分析法相结合来初步设计节水型社会建设评价指标体系，并运用专家调研法对初选指标进行了筛选，最终构建了由水资源子系统、生态建设子系统和经济社会子系统构成的节水型社会建设评价指标体系。

第4章为我国节水型社会建设综合评价方法研究。根据评价对象的特点、评价活动的实际需要、评价方法选择的基本原则，通过对主观赋权法、客观赋权法和综合集成赋权法，以及对层次分析法、模糊综合评判法、数据包络分析法、人工神经网络法、投影寻踪法、灰色关联分析法和理想点法进行比较分析的基础上，构建了基于 G_1 – 法和改进 DEA 的节水型社会建设评价模型。该方法通过引入主观偏好系数，采用线性加权的方法，将主、客观赋权相结合，即将 G_1 – 法和改进 DEA 法确定的权重结合起来确定指标的综合权重，同时以此为基准，结合分级综合指数法构建了节水型社会总目标模型，以及水资源子系统模型、生态环境子系统模型和经济社会子系统模型，从而计算出各决策单元的综合评价指数，并通过比较其大小来对各决策单元进行排序分析，不仅对节水型社会复合大系统进行综合评价，还对水资源子系统、生态环境子系统和经济社会子系统进行单独评价。

第5章为我国节水型社会建设评价实证研究。在参考国内外先进节水水平及有关部门标准的基础上，综合确定了节水型社会建设的发展阶段、各阶段评价指标的参考标准值及各阶段综合评价指数的参考标准值。同时，根据统计数据对我国节水型社会建设评价进行实证研究，并对评价结果进行了详细地分析。

第6章为我国节水型社会建设的对策建议和保障措施。结合我国目前的节水现状，围绕节水型社会的本质特征，有针对性地从宏观层面上提出了节水型社会建设的六项对策建议和六项保障措施。

第7章为结论与展望。对本书进行分析和总结，提出有待进一步解决的问题。

第8章为进一步研究。本章是对节水型社会建设的进一步研究，对水资源的可持续性进行评价。以湖北省为例构建了水资源可持续性评价指标体系，基于熵权法和云模型建立了湖北省水资源可持续性评价模型，并对2019年湖北省17个市州的水资源可持续性进行了评价。

目　录

第1章

绪　论

1.1　研究背景与意义

1.1.1　研究背景

1.1.1.1　世界水资源的形势

地球表面约有70%以上的面积被海水覆盖，而约占地球表面30%的陆地上也有一定的水资源[①]。从表面来看，全球水资源是非常丰富的，但是易于开采利用的淡水资源仅占全球水储量的0.008%[②]。因此，淡水作为一种短缺资源是非常宝贵的，水资源短缺危机已成为很多国家必须面对的问题。全球可开采利用的淡水资源不仅数量严重不足，而且其分布也极其不均匀。例如，埃及人均耗水为1028立方米，而人均更新淡水量却只有50立方米，其中的差额由尼罗河水来补充；科威特人均耗水为525立方米，但却完全没有可更新的淡水，其用水主要依靠海水淡化来解决；在阿富

---

① 喻恩来．海洋、我们的气候和天气 市气象局党组成员、副局长陈向晖答记者问［EB/OL］．今日宁乡，2021-03-23.

② 中南大学博士后研究工作报告：建设南水北调工程实现水资源合理配置［R］．2003-02.

汗，3/4 的人口得不到清洁的饮用水；与之相反，加拿大的水资源却异常丰富，人均可供水超过 10000 立方米，因而可以充分满足工农业以及生活用水等各种需要①。

1993 年世界人口相比 1970 年增加了 18 亿人，但人均供水量却减少了 1/3。全球无法保证饮水安全的人口竟达 12 亿人以上，另有 30 亿人也无法得到充足的洁净饮用水②。由于人口膨胀、城市规模扩大等原因，很多国家和地区的地下水被过度开采和利用，比较严重的有印度、中国、泰国、美国西部、墨西哥、北非及中东等国家和地区。因此，对这些国家而言，淡水危机如果不能得到解决，就无法保证经济、社会的可持续发展。面对如此严峻的形势，各国政府必须重视水资源保护，以免出现更为严重的情况。对于发展中国家及门槛国家而言，城市规模的急剧膨胀和不计代价的工业发展还带来了水污染等一系列严重的环境问题。水污染会破坏水生态系统、危害人类与动植物健康，更是加剧了本已十分严峻的缺水形势。

1977 年，第一次联合国水资源大会在阿根廷的马德普拉塔召开，水资源问题开始成为世界各国关注的重点。1988 年，世界环境和发展委员会提出，水资源正成为引起国际及地区冲突的根本原因。1991 年，国际水资源协会在第七届世界水资源大会上明确指出，水资源的使用权在严重缺水地区极易引起国际冲突。1992 年，水与环境的国际会议在爱尔兰都柏林召开，淡水对自然环境及人类发展的极端重要性成为会议的主要议题；同年 6 月，世界环境与发展大会在巴西里约热内卢召开，与会各方普遍认为，世界上绝大多数国家都面临淡水资源减少、水质下降及水体污染的问题。1997 年，第一届世界水资源论坛在摩洛哥马拉喀什召开，对水、生命和环境进行了规划。1998 年，水与可持续发展国际会议在巴黎召开，呼吁各国应将饮用水普及和水净化工作作为优先目标。2000 年，第二届世界水资源论坛在荷兰海牙召开，对水资源管理和消除水危机措施提出了展望。2001 年，国际淡水资源会议在德国波恩召开，主要讨论水资源保

① 蒲晓东．我国节水型社会评价指标体系以及方法研究［D］．南京：河海大学，2007.

② 今天是世界水日，全球 80 个国家和地区严重缺水［EB/OL］．中国日报网站，2004－03－22.

护、合理用水、节约用水及合理分配跨国水资源等问题。与会各国普遍认为，国际社会应该全方位、多角度地密切合作，联合国及有关国际组织必须全力帮助落后地区，敦促和指导各国对水资源进行科学、合理地开采，从而使各国在保护生态环境的基础上实现经济与社会的可持续发展。2002年，联合国环境署根据研究得出如下结论，全球水资源总量正在日益减少，水体破坏的情况也日益突出。全球有 80 个国家共计世界总人口数的 40% 处在严重缺水状态[①]。同年，可持续发展世界首脑会议在南非召开，水资源危机成为与会各国公认的今后全人类需要共同应对的最严重的挑战之一。

2003 年的第三届世界水资源论坛及部长级会议是水资源领域的一次重大国际水事活动。这次会议的召开保证了与会各国水资源政策的切实执行，促进了彼此的经验交流与技术合作，以实现水资源的可持续利用。与会各国还共同呼吁国际社会做出解决用水问题的方案措施。在这次论坛上，各国都明确表示要加强行动。世界水理事会主席阿布—扎伊德认为，21 世纪淡水资源问题是人类所面临的最大挑战；在 21 世纪的前 25 年中，水资源会变得越来越短缺，由水引发的争端将会大量增加；人类必须重视环境保护，不断提高用水效率，以便保证自身的粮食安全。联合国生活环境和人类居住计划署执行主任安娜则指出，全球 60 亿人口中城市人口占了 50%，但其中近 10 亿人处于赤贫状态[②]，他们的生活卫生没有任何保障，这成为城市发展的沉重负担。第三届世界水论坛是人类为保护淡水资源而召开的规模最大的聚会，与会各国都积极行动起来，共同应对 21 世纪这一最大的挑战，它们纷纷展示了本国的水行动计划，并启动了水领域的合作。各国际组织也对此提出具体要求，世界水理事会明确规范了在全球范围内对水资源的开采利用，并在各个领域协助各国解决自身用水难题。

2006 年，第四届世界水资源论坛在墨西哥召开，会议指出水是持续发展和根治贫困的命脉，必须改变当前使用水资源的模式，以保证所有人都能

---

① 占世界人口总数 40% 的 80 个国家地区严重缺水 [EB/OL]. 新华网，2004-03-21.
② 全球 10 亿人因城市化影响而住城郊棚屋 [EB/OL]. 无忧考网，2008-05-19.

用上洁净水。2009 年，第五届世界水资源论坛在土耳其伊斯坦布尔召开，主要讨论与水问题相关的健康、能源和农业问题，并探讨解决水问题的新技术和方案。2012 年，第六届世界水资源论坛在法国马赛举行，总结往届水论坛和其他国际会议成果，并在水资源的关键领域制定和实施切实有效的解决方案。

1.1.1.2 我国水资源的现状

地球上水的总储存量大约为 13.86×10^8 立方公里，其中的 97.2% 为海水，现阶段还无法利用。淡水资源仅占地球总水量的 2.8%，其中却有 75% 集中在南北两极及高山地带，以冰川和冰帽的形式存在，目前也很难开采。地球上真正能被人类直接开发和利用的淡水资源主要包括河流径流以及地下淡水。地下淡水的储量共约 8600 万亿吨，在地球淡水总量中约占 22.6%，但地球 50% 的地下水资源都储藏在地表以下 800 米的深度，开采起来非常困难，如果过量开采还可能会出现严重后果。河流及淡水湖泊的储量为 230 万亿吨，在地球淡水总量中约占 0.6%，因而成为陆生、水生动植物以及我们人类获取淡水资源的主要来源，但是越来越严重的环境问题导致了一系列的水体污染，使得这一小部分本可为人类所利用的水资源也不断萎缩。大气中的水蒸气含量大约占地球淡水总量的 0.03%，为 13 万亿吨，主要以降雨的形式为陆地补充淡水①。中国淡水资源总量为 28000×10^8 立方米，占全球水资源的 6%，居全球第六位②。排在前五位的依次是巴西、俄罗斯、加拿大、美国和印度尼西亚。但由于我国人口众多，因此人均拥有量却极低，属于全球 13 个人均水资源最为贫乏的国家③。

我国一方面水资源极度短缺，另一方面水资源的时空分布又非常不均。我国水资源分布存在巨大的南北差异，这一点可以非常明显地从人口总数、土地和可耕地的总面积及水资源分布的统计数据中看出。在长江流域及长

① 地球上的水资源［EB/OL］. 中国科学院科普云平台，2002－05－28.
② 中国水资源现状不容乐观［EB/OL］. 河南报业网－河南日报，2004－03－22.
③ 陈志恺. 坚持科学发展观建设节水防污型社会保障水资源的可持续利用［J］. 中国水利水电科学研究院学报，2004（4）：13－16，30.

江以南地区生活的人口占中国总人口的54%，但是这些区域的水资源却占了全国水资源总量的81%；而长江流域以北的人口占全国总人口的46%，可利用的水资源却仅占全国水资源总量的19%[①]。我国目前一共有660多个城市，其中400多个城市存在不同程度的缺水，用水形势极其严峻[②]。与此同时，伴随着人口的快速增长，我国人均水资源的占有量在2030年将会从现在的2200立方米下降至1700立方米左右[③]。全国对水资源的总需量将会接近可开发利用的水资源总量，这将使本已严重的缺水问题变得更加严重和突出。总之，我国的用水形势非常严峻，必须把节约用水放到战略高度来抓，各级政府、各个部门以及每个公民都应该积极地投入节水行动中去。

1.1.1.3 我国水资源存在的问题

（1）水资源短缺极其严重。

目前我国水资源的开发利用率已经达到了23%[④]。由于人类活动对环境的影响，产流与汇流条件、降雨与径流之间的关系都在发生改变，有些江河的天然来水量甚至已经开始出现衰减的趋势。目前海河成为季节性河流、黄河下游经常发生断流、内陆河部分河流干枯、旱灾频繁，这一切充分显示了我国供水系统和抗旱能力的脆弱性，是水资源供需矛盾的集中体现。目前我国多年平均缺水量为536亿立方米，其中农业缺水约300亿立方米[⑤]，每年因缺水造成的农业损失超过1500亿元[⑥]；工业每年缺水达到60多亿立方米，直接影响的工业产值达到2000多亿元[⑦]；近2200万人因干旱用水紧张[⑧]。21世纪以来，一方面我国的经济建设突飞猛进，城市化的规模不断扩大，工农业及城市用水量急剧增加，另一方面由于生态环境日益恶化，水体

---

① 中国水资源现况［EB/OL］. 中国水网，2005－09－20.

② 我国六成城市缺水 一些城市已出现水资源危机［EB/OL］. 新华网，2005－11－30.

③ 汪恕诚. 落实科学发展观，全面推进节水型社会建设［C］. 建设节水型社会与现代节水技术论文及有关材料选编集. 2004：4－5.

④ 王浩. 建立良性有效的节水机制［EB/OL］. 光明日报，2009－03－23.

⑤ 我国多年平均缺水量为536亿立方米，其中农业缺水约300亿立方米——让农业“水龙头”发挥更大效应［N］. 经济日报，2018－07－24.

⑥ 每年农业“渴掉”1500亿 九三学社提案关注节水［EB/OL］. 每日经济新闻，2016－03－07.

⑦ 中国每年因缺水影响工业产值2000亿元［EB/OL］. 新华网，2005－12－28.

⑧ 近5年我国每年因缺水影响工业产值2000亿元［EB/OL］. 新华网，2005－12－28.

污染等因素导致可利用的水资源总量不断下降，因此水资源供需矛盾将会更加严重和突出，缺水问题已经成为影响我国经济发展、粮食安全和生态环境建设的首要制约因素。

（2）水土流失极其严重。

目前我国已经成为世界上水土流失最为严重的国家之一，现有土壤侵蚀面积将近400万平方公里，大约占国土面积的37.1%，其中水力侵蚀面积和风力侵蚀面积各将近200万平方公里[①]，尤其以黄河的中上游地区、长江的上游地区及海河上游地区的水土流失最为严峻。第一，大量的水土流失使我国的耕地面积平均每年损失达100多万亩，土壤流失共达50多亿吨，每年新增荒漠化面积达2100平方公里[②]，导致了生态环境持续恶化，河湖泥沙进一步淤积，从而加剧了洪水、干旱和风沙等自然灾害。第二，我国生态环境本就极其脆弱，再加上人类不合理的活动，进一步加剧了土地退化、水土流失、水体污染等一系列生态恶化问题。第三，由于我国的地下水资源长期超负荷开采，年超采量已经达80多亿立方米，但又不能得到及时的回补，目前已经形成了超过56个地下水位下降漏斗[③]，从而导致部分地区的海水入侵和地面沉降。第四，由于不合理的水资源开发利用，导致部分干旱地区的下游河道断流、河湖萎缩、部分尾闾与湖泊消亡，生态环境严重恶化；同时草场退化、荒漠加剧，导致沙尘暴的发生频率也急剧增加。第五，有些灌区由于大水漫灌、排水不畅，导致严重的土壤次生盐渍化、土地质量严重下降，最终导致了农业生产能力急剧衰退。

（3）水资源污染极其严重。

水质恶化的一个主要原因是水污染。水污染面积的持续扩大更是不断侵占了我国本来就非常匮乏的水资源。中国政府在过去的几十年中尽管在环境保护、减少污染方面投入了巨额资金并颁布了一系列相关法律法规，但防治水污染的形势依然非常严峻，水污染的区域和范围仍然在不断扩大，从而使

---

① 中国水土流失面积占国土总面积37.1%［EB/OL］. 安徽先锋网，2006-11-13.

② 张正斌：解决中国干旱缺水问题和发展区域现代农业方略探讨［EB/OL］. 中国科学院，2008-01-04.

③ 超采地下水致中国地下漏斗面积近三个海南岛［EB/OL］. 中国新闻网，2001-08-28.

本已相当脆弱的水环境更是难以承受越来越大的压力。以淮河为例，在其流域中2018年仍有大约40%的河流水质受到不同程度的污染①。海河及辽河流域的居民所需的生态用水严重不足，有的直流已经常年断流。而太湖、滇池及巢湖的水质极为低劣，其中的微生物大量繁殖，出现了非常严重的有机物污染。再以黄河为例，工业废水的排放量占到了废污水排放总量的3/4，这就导致了黄河水的严重污染，每年由此造成的经济损失大约为120亿~160亿元②。此外，由于黄河沿岸的很多农业产区没有足够的灌溉用水，因此只能使用受到严重污染的黄河水进行灌溉，这为粮食的安全生产埋下了巨大的隐患。黄河的水体污染还给水资源的价值及城镇供水带来巨大损失，再加上由此产生的废污水处理费用使得每年的总损失竟然高达70亿元。

（4）水资源浪费极其严重。

长期以来，我国水资源浪费问题极其严重。产业结构的特征造成农业用水的比重大、浪费多。我国农业用水量在总用水量中的比例为62.1%③。由于水资源在农业各领域及各地区的分配方式不够合理、灌溉效率低下等原因，导致农业用水出现极大的浪费，只有不到一半的水资源真正起到灌溉的作用。工业用水量占总用水量的17.7%，生活用水占总用水量的14.9%④，而在日常生活领域，水也经常被不经意地浪费掉。由于缺乏废污水回收处理等措施，大量的自来水往往只被使用一次就流入下水道成为生活废水。

1.1.2 研究目的与意义

我国目前水资源所面临的严峻形势和粗放的用水方式已经成为制约经济社会发展的重要因素之一。具体体现在以下四个方面：水资源短缺极其严重，供需矛盾逐步加剧；水资源开发潜力极其有限，开发难度也越来越

① 淮河片水资源公报（2018年度）[EB/OL]. 水资源处，2019-09-29.

② 黄河污染每年损失过百亿 [EB/OL]. 四川在线-华西都市报，2004-04-03.

③④ 水利部：2020年全国用水总量5812.9亿立方米 [EB/OL]. 央视新闻，2021-07-12.

大；水资源利用方式极其粗放，用水效率也非常低下；部分区域的水污染非常严重，水生态环境面临的形势也极其严峻。要解决水资源短缺、用水浪费以及水生态环境严重恶化等一系列问题，最根本的解决措施就是转变我国经济发展方式，贯彻节约优先和环保优先的方针政策，重点建设环境友好型和资源节约型社会，而其中的节水型社会建设是最有效的解决途径之一。

节水型社会建设不仅是解决我国水资源短缺、用水浪费及水生态环境严重恶化等一系列问题的最根本措施，而且也是我国经济社会全面实现可持续发展的必由之路。节水型社会建设对于实现水资源的可持续利用、生态环境的良性循环及经济社会的持续发展有着极其重要的意义。研究节水型社会建设的根本目的就是要科学合理地开发利用和保护水资源，实现水资源与生态环境、经济社会三者之间的相互协调发展，实现水资源的可持续利用，同时全方位满足农业、工业、生活和生态的需水量，从而最终实现人类社会的可持续发展。

随着社会经济的不断发展，节水型社会建设也是不断发展的。为了科学监控我国节水型社会建设的步伐和进程，对我国节水型社会建设的状况和水平进行合理的评价，就必须构建一套科学合理的评价指标体系和评价方法。对我国节水社会建设评价进行研究，实质上就是对我国节水型社会建设的发展状况进行科学分析和评估。针对我国水资源开发利用的现状和所面临的水资源短缺、流失、污染、浪费等一系列问题，在综合理解节水型社会内涵的基础上，参考国内外学术研究成果，建立了一套我国节水型社会建设评价指标体系和评价模型，综合确定了节水型社会建设的发展阶段、各阶段评价指标的参考标准值及各阶段综合评价指数的参考标准值，并根据统计数据对我国节水型社会建设水平年的节水水平进行评价，从而准确地监控我国节水型社会建设的进程及建设水平。同时，结合我国目前的节水现状，有针对性地提出相关对策与建议。这对我国在制定符合实际情况的节水目标、规划政策、提高水资源利用效率及治理生态环境等方面都具有重要的促进作用和借鉴意义。

1.2 国内外研究综述

1.2.1 国外研究综述

1.2.1.1 节水法规和措施相关研究

许多国家在节水方面做出了大量的工作，并取得了成就。早在20世纪40年代，美国就颁布了《水污染控制法》，又于1965年成立了“水资源利用委员会”，其主要职责是统一制定国家水政策和水战略，全面监督和协调联邦政府、州政府、地方政府以及私人组织的工作，以大力促进美国水资源的开发利用和保护（Sheldon，1989）。美国在1966年颁布了《清洁水保护法》，这部法律规定了每个州都必须制定符合实际情况的控制水体污染的规划。随后美国在1972年颁布了《防止水污染法》，这部法律提出：到1977年，必须全面普及废水、污水二级处理，到1982年所有水体都必须达到能够适用于文化娱乐，到1985年必须达到零排放（王晓辉，2004）。日本自20世纪50年代以来先后颁布了《日本水道法》《水质保护法》《环境污染控制法》和《水污染控制法》等，还制定了《节约用水纲要》，动员市民共同努力建设节水型社会。日本在20世纪80年代初期还制定了一系列的节水措施，比如通过对各个用水行业全面实行节水管理，普及和推广先进节水技术，从而逐步提高生活用水效率、农业灌溉用水效率和工业用水重复利用率。同时，日本在1985年成立了水资源管理机构，主管各领域的节水活动，其中国土厅在水供求计划的基础上制定了全国长期节水计划（Udagawa T.，1994）。韩国的节水管理机构由建设部、健康和社会事业部、环境部组成，分别负责供水系统和污水处理的规划和建设，制定和监测饮用水标准和水质，建立污染控制的法规等。英国在1944年就颁布了《水资源保护法》，随后作了补充完善。英国在1988年成立了“节水者”公司，其根本目的是为提高节水管理的水平，全面满足公众的用水需要，但是直到1996年，英国才正式在供水规划中首次提出节水管理。英国和法国的节水管理是集中式的管理，各流域机构分别担负着开发利用和保护水资源的职责，并普遍采用合同制，只要是合同授予的权利都会受到法律的保护。法国是通过提高排污费来促进企业控制水污染，并对采用节水减污措施的企业给予优惠。以色列自20世纪50年代中期就开始研究最优农业灌溉技术，目前是世界上农业灌溉技术最为先进的国家之一，全国灌溉面积中的80%以上为滴灌①。以色列政府先后颁布了《水灌溉控制法》《排水及雨水控制法》《水计量水法》等，这些法规在水计量、用水权和水质监控等方面有了严格的规定。以色列的节水管理部门由水务委员会、地方机构和公众团体机构组成，并在1993年提出了一个关于水资源开发利用和保护的计划，根据这个计划，机构和个人无权自行开发水资源，开发权限收归政府所有，由政府统一管理。在埃及，水资源也是由政府统一规划并管理，这将有利于提高各个行业的用水效率和效益。此外，埃及政府还通过各项农业政策保证水资源的开发和利用，比如在某些地区采取强制手段推行节水政策、对经济困难的地区则由政府提供一定的经济支持。

虽然节水工作在全球范围内取得了一定的成效，但各国面临的水资源危机问题仍十分严峻、不容乐观，在未来很长一段时期内，节约用水仍将是许多国家的根本解决之道。

1.2.1.2 节水管理和评价相关研究

国外节水管理和规划的研究工作是从工业领域开始的，其根本出发点也主要是从“经济”这一角度来考虑。伊萨万·博加迪（Isavan Bogardi，2002）及科勒姆（L. Keleme，2002）对水资源管理和规划的研究仅限于工业领域，因此其研究成果无法在整个区域的节水管理和规划中得以应用。蔡喜明（Cai X. M.，2002）、麦金尼（McKinney D. C.，2002）和拉尔森（Lasdon L. S.，2002）提出了一个评价流域经济社会可持续发展的长期优化管理模型，并把它应用到中亚的锡尔河（Syr Darya）河流域中，结果表明该模型框架有效可行。由于水资源具有经济属性，因此提高水价成为节水管理的重要手段之一。汉克（Hanke，1978）认为价格杠杆是对水需求进行调

① 以色列农业节水灌溉情况简介［EB/OL］. 中华人民共和国商务部，2009-09-27.

控的有效手段，而且价格是节约用水的重要参数之一。马丁（Martin，1991）提出水价对用水量会产生直接的影响，提高水价能提升各个行业的用水效率。伯尼斯（Burness S.，2005）、彻马克（Chermak J.，2005）和克劳斯（Krause K.，2005）在节水政策方面做了一定的工作，他们的主要研究范围是节水政策对水资源保护目标的影响，但这一政策是建立在鼓励以及行政命令的基础之上的。根据他们的研究结果，如果采取使用方式来分解需求，市政节约用水政策就会集中于需求更具有弹性的子市场。在国外，节水是一种经济行为，而不是行政行为，所以关于节水评价方面的研究成果比较少，但是由于西方国家也普遍存在水资源短缺、用水浪费及水生态环境严重恶化等一系列问题，因此只有少数学者对这些问题进行了研究，如美国的马克·梅蒙（Mark Maimone，1994）和迈克尔·拉比亚（Michael Labia，1994）联合撰文对纽约长岛拿索郡的节水水平进行了分析和评价，但这些研究的影响与应用范围不是很大。

国外关于节水方面的研究包括水资源配置、水资源管理、城市污水资源化、新水源技术开发和节水机制设计，主要体现在节水管理、节水法规、节水政策、节水措施和节水工艺等几个方面，这一系列研究成果对我国节水型社会建设具有一定的参考作用和借鉴意义。目前，国外的节水型社会建设尚没有完整的研究案例，只有以色列、南非、瑞典、日本等少数国家进行了局部的研究，主要集中在水权、水市场和用水管理等方面。而中国的节水建设是从中央到地方来逐级实施的，这种方式在国际上尚属首例。因此，国际社会大多持如下观点：中国建设节水型社会的实践经验可以为其他国家在面对用水危机、用水浪费及水生态环境严重恶化等一系列问题时提供一种新的思路和方法。

1.2.2 国内研究综述

1.2.2.1 节水政策法规相关研究

“节水型社会”是从“节约用水”的观念延伸过来的，较早出现在1961年，当时中央对水利电力部和农业部的《关于加强水利管理工作的十条意见》进行了批转，这可以说是中国现代最早的水管理法规。1993年8

月 20 日，国务院第七次常务会议审议通过《九十年代农业发展纲要（草案)》，11 月 4 日，国务院又发出关于印发《九十年代中国农业发展纲要》的通知，其中明确指出各地要根据自身情况，推广普及先进节水灌溉技术，大力发展节水型农业。1998 年 10 月 14 日，中国共产党第十五届三中全会做出了《中共中央关于农业和农村工作若干重大问题的决定》，在这一决定中，党中央明确要求尽快出台促进节水的相关政策，全面发展节水型农业，推广普及节水灌溉技术，扩大农业的有效灌溉面积以及提升农业灌溉水的利用系数。2000 年 10 月 11 日，中国共产党第十五届五中全会通过了《中共中央关于制定国民经济和社会发展第十个五年计划的建议》，根据这一建议，我国必须全面推广最新的节水技术并采取相关措施，以保证节水型工农业以及服务行业的协调发展并最终实现节水型社会的目标。2001 年 3 月 5 日，在第九届人民代表大会第四次会议上，朱镕基在《关于国民经济和社会发展第十个五年计划纲要的报告》中对节水建设提出更高、更明确的要求：要把节水放在突出位置，建立合理的水资源管理体制和水价形成机制，全面推行各种节水技术和措施，发展节水型产业，建立节水型社会。2002 年 10 月 1 日起《中华人民共和国水法》的实施，使“节水型社会”的概念在理论和法律上首次得以确立，按照这一法令，国家必须严格执行节约用水的政策，大力发展节水新技术，推广节水新工艺和新措施，使工农业及服务行业在节水的基础上快速发展，以保证节水型社会的全面建设。2002 年 12 月 17 日，为贯彻落实《中华人民共和国水法》，加强水资源管理，提高水的利用效率，建设节水型社会，水利部印发了《关于开展节水型社会建设试点工作指导意见的通知》，要求通过试点建设，初步建立我国节水型社会的法律法规、行政管理、经济技术政策和宣传教育体系。2010 年 12 月 31 日，中共中央、国务院发出《关于加快水利改革发展的决定》，明确要求实行最严格水资源管理制度。2012 年 1 月，国务院发布了《关于实行最严格水资源管理制度的意见》，进一步明确水资源管理的“三条红线”和“四项制度”，对于解决中国复杂的水资源问题、促进水资源的合理开发利用和节约保护、实现经济社会的可持续发展具有重要意义。

1.2.2.2 节水标准规划相关研究

2005 年 12 月 31 日，为了促进节水型社会建设工作的深入开展，水利部印发《节水型社会建设评价指标体系（试行）》，用于试点地区的节水型社会建设评价工作，为其他地区开展节水型社会建设评价提供了有效的参考和依据。2012 年 3 月 26 日，国家质检总局、国家标准化管理委员会批准发布了《节水型社会评价指标体系和评价方法》，后于 2012 年 8 月 1 日起实施，这项国家标准将为我国广泛开展节水型社会建设发挥重要作用。

2007 年，我国出台了《节水型社会建设“十一五”规划》，对我国节水型社会建设在“十一五”期间作出了全局性的部署和规划，这是我国首个出台的节水型社会建设规划，也是我国节水型社会建设的纲领性文件。2010 年发布的《节水型社会建设“十二五”规划技术大纲》明确了“十二五”时期我国节水型社会建设的目标任务、重点领域以及保障措施。2017 年发布的《节水型社会建设“十三五”规划》指出加强工业节水、城镇节水和提高用水效率，推进水资源利用效率和节水与治污并重。2021 年发布的《节水型社会建设“十四五”规划》提出围绕“提意识、严约束、补短板、强科技、健机制”五个方面部署开展节水型社会建设。由于政府对节水型社会建设持有高度重视的态度，节水型社会建设为此也成为当今研究的热点课题之一。

1.2.2.3 节水型社会建设评价指标体系相关研究

目前国内关于节水型社会建设评价的研究主要包括节水型社会评价指标体系的建立、节水型社会评价指标权重的确定、节水型社会评价模型的建立及应用等方面。目前，关于节水型社会建设评价还缺乏系统的理论研究，还没有真正建立起完整的节水型社会建设评价指标体系和评价方法。

早期学者主要围绕城市节水水平进行评价研究。杨肇蕃等（1993）基于城市用水量及城市用水率这两大类指标提出了城市节水的评价指标体系；谭海鸥等（2002）在对节水途径、节水水量和节水目标进行综合分析后，提出应按照城市节水规划原则，对城市用水大户节水的投入与产出效益进行合理评估；高山等（2003）主张城市节水应包括产业结构指标、计划用水管理指标、工业节水指标、自建设施供水指标、城市水环境保护考核指标及城市公共供水指标六大类；王松林等（2012）认为城市节水水平评价应包含水资源紧缺程度、城市节水效率、城市节水管理水平和城市环境保护水平四个方面。随着节水型社会概念的提出，陈莹、赵勇和刘昌明（2004，2005）在对节水型社会的概念和内涵充分理解的基础上，建立了一个节水型社会评价指标体系，共涵盖节水评价指标、生态系统建设指标和经济发展参考指标三个方面的内容。

大多学者以具体城市为研究对象构建了节水型社会评价指标体系。史俊和文俊（2006）阐述了节水型社会的内涵，他们运用陈莹等（2004）所提出的评价指标体系，分析和量化评价了试点城市云南省沾益区的节水水平。王浩等（2002）以张掖地区为例提出了干旱地区节水型社会建设效果评价体系，评价体系由宏观整体评价和微观节水评价两部分组成：一方面是运用能够体现社会、经济和生态协调性的评价指标来对节水型社会的整体效果进行评估；另一方面则运用节水指标来对节水措施的落实效果进行评估，这两方面都得到了令人满意的结果。杨丽丽等（2008）针对延吉市水资源开发利用的现状及规划管理中存在的问题，提出了延吉市节水型社会建设任务、评价指标体系和保障措施等。李达等（2009）针对无锡市水资源现状和存在的问题，构建了节水型社会建设评价指标体系和评价方法，并提出了相应的对策与建议。王小静（2009）从节水型社会的内涵出发，结合济南市供水、用水的现状，建立了一套针对济南市的节水型社会评价指标体系，并对济南市节水型社会建设水平进行了评价，同时在此基础上预测和分析了节水型社会的发展趋势，提出了相关的对策和建议。李波（2009）以乌鲁木齐市水资源开发利用现状和节水型社会建设目标为基础，建立了针对乌鲁木齐市的节水型社会建设评价指标体系，并运用综合评价指数法评价了乌鲁木齐市的节水型社会建设水平，这可以为今后乌鲁木齐市节水型社会建设提供科学依据。安鑫（2009）结合“西安市水资源开发利用规划”项目，建立了西安市节水型社会建设的水资源优化配置模型，并对西安市节水情况进行了评价分析。廖小龙（2011）在分析南昌市节水现状的基础上，建立了南昌市节水型社会建设评价指标体系，并对南昌现状年和规划年的节水型社会建设情况进行了评价分析。也有一些学者针对具体区域构建了节水型社会评价指标体系。李红梅和陈宝峰（2007）针对宁夏地区的具体特点，构建了一套“社会、经济、生态”的三维评价指标体系，详细分析了各项评价指标，并提出了宁夏节水型社会建设的相关建议。杨玮（2008）等结合江苏省实际状况，构建了区域节水型社会评价指标体系，并采用综合评价法对江苏省节水型社会建设作了评价分析。

还有一些学者分别针对工业节水、农业节水、生活节水、生态节水进行评价。朱思诚等（1989）分析和评价了华北地区18个城市的工业节水水平和状况。何祥光等（1996）初步把城市工业企业节水评价指标体系划分为总量控制指标及水资源利用程度和利用效果指标两大类。张晓洁等（2002）为了评价城市工业节水的效率，提出了工业节水指数的概念，并认为只借助工业用水重复利用率和万元工业产值用水量这两个指标有一定的局限性，因为每个城市的工业结构存在差异。冯广志等（2001）主张在选择农业节水指标时，应包括用水量指标、节水量指标、用水效率指标、生态环境指标、社会效益指标等。沈振荣等（2000）提出农业灌溉节水水平应通过渠系水和灌溉水利用系数及灌溉取水量等指标来衡量。赵会强等（1997）利用水资源供需分析中的“定额指标法”确定了不同类型城市的人均用水定额标准参考值，提出了采用城市生活节水指数来评价城市生活节水水平。吴季松（2004）提出了绵阳市生态节水型社会评价指标体系，包括水清指标、经济指标、生态指标、水资源相关指标四大类。

1.2.2.4 节水型社会建设评价方法相关研究

大多学者采用单一的层次分析法或模糊综合评判法对节水型社会建设进行评价。蔡振禹等（2006）运用层次分析法对邯郸市的节水水平进行了综合评价。蒲晓东（2007）在对节水型社会评价现状进行研究的基础上，建立了节水型社会综合评价指标体系，分析对比了主成分分析法、层次分析法及模糊综合评判法，并运用层次分析法评价和分析了我国各地区的节水水平，取得了较好的结果。徐海洋等（2009）以郑州市为例建立了节水型社会评价指标体系，并采用层次分析法进行评价。张华等（2010）针对某市10个县区的实际节水情况，运用层次分析法构建了节水型社会评价指标体系，并采用两种客观赋权法确定了指标权重。张宝东等（2010）在全面调研的基础上采用模糊综合评价法构建了辽宁省节水型社会评价指标体系，并基于模糊综合评价理论开发了评价模型软件。

也有很多学者将层次分析法和模糊综合评判法相结合对节水型社会建设进行评价。高鹏（2006）在分析了我国城市节水影响因素的基础上建立了城市节水评价指标体系，并针对我国城市节水的状况和特点，运用层次模糊综合评价法对石家庄市城市节水状况进行了实证研究，并对我国城市的节水发展提出了针对性的建议。余莹莹（2007）在分析我国水资源开发利用现状和节水潜力的基础上，建立了节水型社会建设评价指标体系，并运用层次分析法和模糊综合评判法对节水型社会建设程度进行评价。安娟（2008）建立了节水型社会定量评价指标体系，并结合层次分析法、模糊综合评判法及综合评分法建立了评价模型，并以此为基础对济源市节水型社会建设效果进行了评价。颜志衡等（2010）将层次分析法引入模糊识别理论中建立了模糊层次综合评价模型，并以西藏年楚河流域节水型社会综合评价为例进行了分析研究，结果表明该模型可以较为真实地反映节水型社会建设的水平和状况。刘章君等（2011）运用层次分析法构建评价指标体系并确定指标权重，借助模糊数学方法建立了综合评价模型，最后以江西省吉安市青原区为例进行了评价。

也有一些学者将层次分析法或模糊综合评判法和其他方法相结合对节水型社会建设进行评价。乔维德（2007）运用层次分析法建立了节水型社会评价指标体系，并通过人工神经网络模型来对节水型社会进行评价。在仿真实验中，该评价方法取得了满意的评价结果，显示出了速度快以及准确率高的优点，在指导实际工作时有一定的现实意义。任波（2008）在论述节水型社会概念、核心和内涵的基础上，提出了基于“水—生态—社会”的区域节水型社会评价指标体系，并运用层次分析法确定指标权重，同时结合综合指数法评价了研究地区的节水水平，评价结果较为符合客观实际。郭巧玲等（2008）建立了包括定量和定性两大类指标的评价指标体系，并利用模糊综合评价法和灰色关联分析法建立了节水型社会评价模型，并对张掖市节水型社会建设水平进行了分析评价。孙海军等（2011）根据模糊决策理论及专家评判法对五家渠市节水型社会建设进行了评价分析。

还有一些学者采用灰色关联分析法、集对分析理论、熵值理论、模糊物元理论、支持向量机等对节水型社会建设进行评价。阮本清等（2001）运用灰色关联分析法评价和分析了区域用水水平，并建立了多层次灰色关联综合评价模型。王巧霞等（2011）将集对分析理论应用到对节水型社会建设评价中，并结合西藏日喀则年楚河流域进行了评价分析，结果表明该方法简单有效、实用性强。黄乾等（2007）将熵值理论与模糊物元理论相结合，建立了基于熵权的模糊物元评价模型，并利用该模型对山东省节水型社会建设状况进行了评价分析，并与层次分析法的评价结果进行比较，结果表明该模型简便实用。卢真建（2010）从公平性的角度建立了节水型社会评价指标体系，并运用基尼系数—支持向量机耦合评价模型对东江流域节水型社会进行了评价。

综上所述，目前我国节水型社会建设在基础理论方面的研究已经取得了一定的进展，节水型社会建设的理论框架雏形已经初步形成，这将有利于我国节水型社会建设的进一步研究。但是从总体来看，全面完善的节水型社会建设评价指标体系和评价方法尚未形成，还有待进一步探讨和研究。

1.3 研究内容与方法

1.3.1 研究内容

本书对节水型社会建设评价指标体系及综合评价方法进行了全面系统的研究。针对我国水资源开发利用的现状和所面临的一系列问题，在综合理解节水型社会内涵的基础上，参考国内外学术研究成果，建立了一套我国节水型社会建设评价指标体系和评价模型，综合确定了节水型社会建设的发展阶段、各阶段评价指标的参考标准值及各阶段综合评价指数的参考标准值，并根据统计数据对我国节水型社会建设水平进行实证分析，提出了节水型社会建设的对策建议以及保障措施。主要研究内容如下：

（1）第1章为绪论。通过介绍选题的研究背景、研究目的与意义，并针对我国水资源开发利用的现状和所面临的水资源短缺、流失、污染、浪费等一系列问题，对节水型社会评价的研究现状和进展进行了综述，在已有研究成果的基础上，提出了主要研究内容、研究方法和技术路线。

（2）第2章为节水型社会评价的理论基础。在综合理解节水型社会的概念、内涵和特征及参考国内外重要文献的基础上，对节水型社会评价依托的基本理论——可持续发展理论、循环经济理论、环境社会学理论、系统科学理论和评价学理论进行了详细的阐述和研究，并提出了我国节水型社会建设的指导思想、基本原则、目标和任务。

（3）第3章为我国节水型社会建设评价指标体系设计。基于节水型社会是水资源、生态环境、经济社会协调发展的这一认识，构建了由水资源系统、生态环境系统及经济社会系统相互耦合形成的节水型社会评价系统。同时，在遵循节水型社会评价指标体系指导思想和设计原则的基础上，通过对各子系统及其影响因素进行分析，采用频度统计法和理论分析法相结合来初步设计节水型社会建设评价指标体系，并运用专家调研法对初选指标进行了筛选，最终构建了由水资源子系统、生态建设子系统和经济社会子系统构成的节水型社会建设评价指标体系。

（4）第4章为我国节水型社会建设综合评价方法研究。根据评价对象的特点、评价活动的实际需要、评价方法选择的基本原则，通过对主观赋权法、客观赋权法和综合集成赋权法，以及对层次分析法、模糊综合评判法、数据包络分析法、人工神经网络法、投影寻踪法、灰色关联分析法和理想点法进行比较分析的基础上，构建了基于G_1－法和改进DEA的节水型社会建设评价模型。该方法通过引入主观偏好系数，采用线性加权的方法，将主、客观赋权相结合，即将G_1－法和改进DEA法确定的权重结合起来确定指标的综合权重，同时以此为基准，结合分级综合指数法构建了节水型社会总目标模型，以及水资源子系统模型、生态环境子系统模型和经济社会子系统模型，从而计算出各决策单元的综合评价指数，并通过比较其大小来对各决策单元进行排序分析，不仅对节水型社会复合大系统进行综合评价，还对水资源子系统、生态环境子系统和经济社会子系统进行单独评价。

（5）第5章为我国节水型社会建设评价实证研究。在参考国内外先进节水水平以及有关部门标准的基础上，综合确定了节水型社会建设的发展阶段、各阶段评价指标的参考标准值及各阶段综合评价指数的参考标准值。同时，根据统计数据对我国节水型社会建设评价进行实证研究，并对评价结果进行了详细地分析。

（6）第 6 章为我国节水型社会建设的对策建议和保障措施。结合我国目前的节水现状，围绕节水型社会的本质特征，有针对性地从宏观层面上提出了节水型社会建设的对策建议和保障措施。

（7）第 7 章为结论与展望。对本书进行分析和总结，提出有待进一步解决的问题。

（8）第 8 章为进一步研究。以湖北省为例构建了水资源可持续性评价指标体系，基于熵权法和云模型建立了湖北省水资源可持续性评价模型，并对 2019 年湖北省 17 个市州的水资源可持续性进行了评价。

1.3.2 研究方法

节水型社会评价系统是由水资源系统、生态环境系统及经济社会系统相互耦合形成的一个有机整体，三者之间存在着不间断的物质循环、能量流动及信息传递，其中水资源子系统是整个节水型社会评价系统的核心。因此，本书主要是采用评价决策和系统分析方法，同时运用计量学和统计学，并通过定性分析和定量分析相结合、规范研究和实证分析相结合、文献研究和调查研究相结合的方法，来对我国节水型社会建设进行评价和分析。

1. 文献研究法

在互联网、专业期刊中进行系统的文献调研，广泛收集和阅读相关文献和数据资料，了解国内外研究动态和最新进展，汲取先进的研究思路和理论方法，保证研究成果的先进性、科学性及实用性。通过对已有研究的查阅、总结、凝练，完成项目理论基础的构建。

2. 专家访谈法

在文献调研的基础上，经过充分吸收，确认本书的研究思路和研究方案，通过专家访谈，设计问卷调查表，使理论研究有充分的事实依据作为后盾。

3. 问卷调查法

通过对水行政主管部门、科研院所、高校及相关企业从事节水研究的专家学者和工程技术人员进行问卷调查，获取多方专家关于评价指标、指标权重及定性指标值的评价意见。

4. 实证分析法

根据统计数据对我国节水型社会建设评价进行实证研究，将理论基础与实践操作相结合，探索一套科学合理、实践可行的节水型社会建设评价指标体系和综合评价方法。

5. 解决关键科学问题需要运用的具体研究方法

第一，运用理论分析法和频度统计法相结合初步设计评价指标体系，并在此基础上采用 Delphi 法对指标进行综合调整，最终确定节水型社会建设评价指标体系。第二，通过引入主观偏好系数，采用线性加权的方法，将主、客观赋权相结合，即将 G_1 - 法和改进 DEA 法确定的权重结合起来确定指标的综合权重。第三，运用分级综合指数法构建了节水型社会总目标模型，以及水资源子系统模型、生态环境子系统模型和经济社会子系统模型。

1.4 研究技术路线

针对我国水资源开发利用的现状和所面临的水资源短缺、流失、污染、浪费等一系列问题，依托节水型社会评价的基本理论——可持续发展理论、循环经济理论、环境社会学理论、系统科学理论和评价学理论，在参考和借鉴国内外学术研究成果的基础上，本书建立了一套我国节水型社会建设评价指标体系和评价模型，综合确定了节水型社会建设的发展阶段、各阶段评价指标的参考标准值以及各阶段综合评价指数的参考标准值，并根据统计数据对我国节水型社会建设水平进行实证分析，提出节水型社会建设的对策建议及保障措施。研究技术路线具体如图 1 - 1 所示。

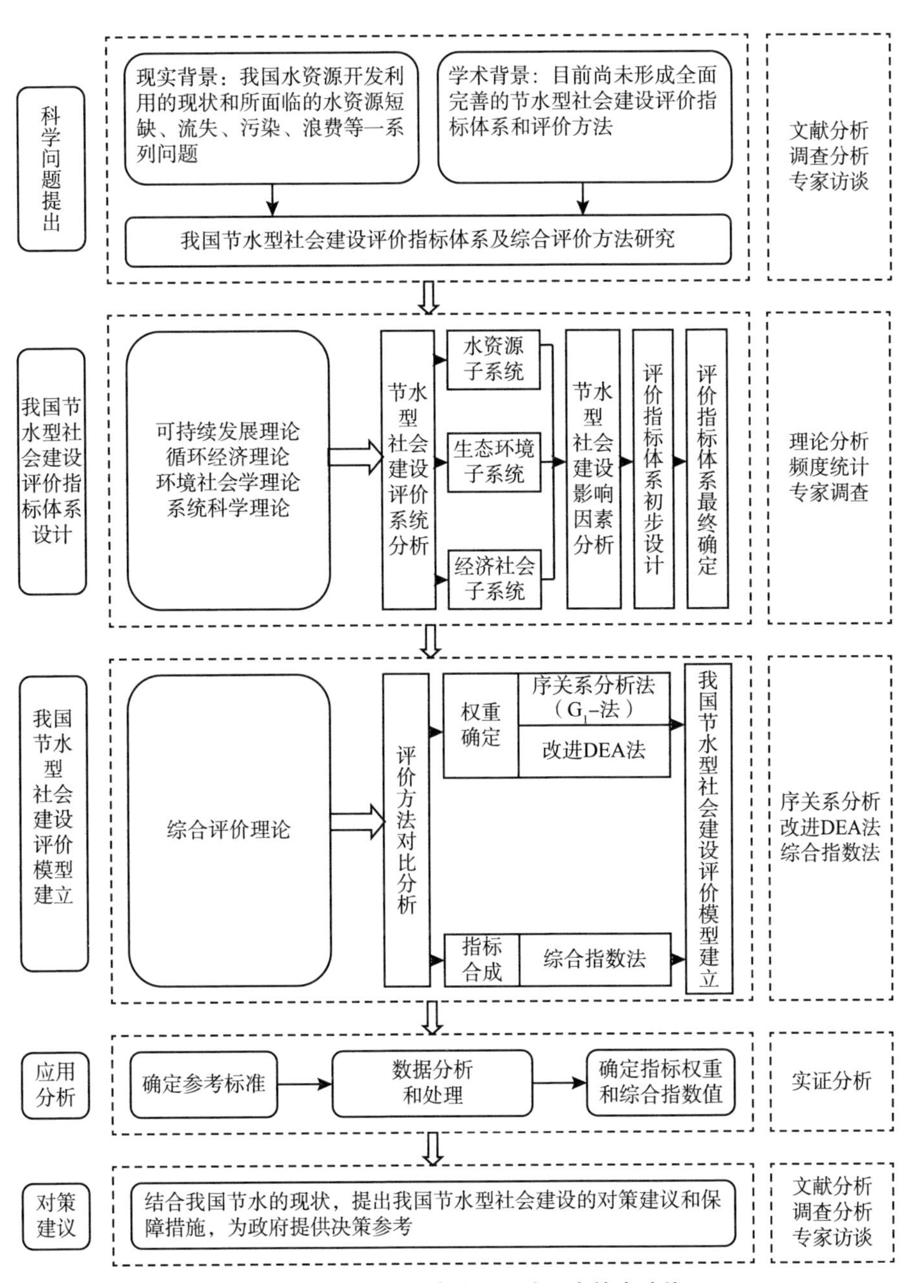

图1-1 节水型社会建设评价研究技术路线

1.5 研究创新点

本书针对我国水资源开发利用的现状和所面临的水资源短缺、流失、污染、浪费等一系列问题，对节水型社会评价的研究现状和进展进行了综述，提出了主要研究内容、思路和方法。围绕节水型社会评价问题，分析了其所依托的基本理论。通过对“水资源—生态环境—经济社会”系统及其子系统进行分析，建立了节水型社会建设评价指标体系。通过对现有赋权法及评价方法进行对比分析，构建了基于 G_1 - 法和改进 DEA 的节水型社会建设评价模型，并根据统计数据对我国节水型社会建设评价进行实证研究，取得较好效果。同时，结合我国目前的节水现状，有针对性地从宏观层面上提出了相关对策与建议。本书具有以下创新点：

（1）在综合理解节水型社会的概念、内涵和特征及参考国内外重要文献的基础上，对节水型社会评价依托的基本理论——可持续发展理论、循环经济理论、环境社会学理论、系统科学理论和评价学理论进行了详细的阐述和研究。同时，基于节水型社会是水资源、生态环境、经济社会协调发展的这一认识，构建了由水资源系统、生态环境系统及经济社会系统相互耦合形成的节水型社会评价系统。同时，在遵循节水型社会评价指标体系指导思想和设计原则的基础上，通过对各子系统及其影响因素进行分析，构建了由水资源子系统、生态建设子系统和经济社会子系统构成的节水型社会建设评价指标体系，为节水型社会建设评价提供了一个新体系。

（2）根据评价对象的特点、评价活动的实际需要、评价方法选择的基本原则，通过对主观赋权法、客观赋权法和综合集成赋权法，以及现有评价方法进行比较分析的基础上，构建了基于 G_1 - 法和改进 DEA 的节水型社会建设评价模型，为节水型社会建设评价提供了一种新方法。该方法通过引入主观偏好系数，采用线性加权的方法，将主、客观赋权相结合，即将 G_1 - 法和改进 DEA 法确定的权重结合起来确定指标的综合权重，从而使指标权重的分配更为准确和合理。同时以此为基准，结合分级综合指数法构建了节水型社会总目标模型，以及水资源子系统模型、生态环境子系统模型和经济社会子系统模型，不仅对节水型社会复合大系统进行综合评价，还对各子系统进行单独评价，这将为我国节水型社会建设提供有针对性和实效性的指导意见。

（3）在参考国内外先进节水水平及有关部门标准的基础上，综合确定了节水型社会建设的发展阶段、各阶段评价指标的参考标准值及各阶段综合评价指数的参考标准值，为节水型社会建设评价提供了一种新标准。同时，根据统计数据对我国节水型社会建设评价进行实证研究，并结合我国目前的节水现状，围绕节水型社会的本质特征，有针对性地从宏观层面上提出了节水型社会建设的四项对策建议和五项保障措施。这对我国在制定符合实际情况的节水目标、规划政策、提高水资源利用效率以及治理生态环境等方面都具有重要的促进作用和借鉴意义。

第2章

节水型社会评价的理论基础

2.1 节水与节水型社会的概念

2.1.1 节水的概念

随着经济社会的发展和科学技术的进步，节水的内涵也在不断扩展。目前国内外学者、政府机构等对节水的概念有着不同的见解，具体如表2-1所示。

表2-1 国内外不同学者和机构对节水的定义

	学者和机构	节水的定义
国外	美国水资源委员会	节水是指控制用于选定用途的水资源分配，将节约出来的水资源用于替代用途；优化现有水资源的利用，扩大水资源供给来源；合理配置地表水资源，有针对性地对其进行合理调配与管理
	乔丹（Jordan J. L.，1994，1995）	节水是在保证经济及社会发展的前提下尽量降低水资源的消耗及浪费，通过高效用水弥补水资源的相对不足，从而使水资源的利用达到供需平衡
	约翰（John，1996）	节水是在城市生产及生活中大力推行节水措施，以便使水资源得以高效利用，从而保证城市经济及社会的可持续发展

续表

	学者和机构	节水的定义
国外	迪纳尔（Dinar，1998，2000）	节水是在保证可持续发展的基础上合理获取和支配水资源
	部分学者	将“节水”界定为减少净耗水量，则能对用于其他用途的供水有利；将“节水”界定为减少引水量，则可能对其他用途的供水带来不利影响
国内	住建部、商务部、国家发展和改革委员会	联合颁布《节水型城市目标导则》，将“节水”定义为通过行政、技术、经济等管理手段加强用水管理，调整用水结构，改进用水工艺，实行计划用水，杜绝用水浪费，运用先进的科学技术建立科学的用水体系，有效地使用水资源，保护水资源，适应城市经济和城市建设持续发展的需要
	全国水资源综合规划技术细则	节约用水是采取工程、技术、经济和管理等各项综合措施，以达到避免浪费、减少排污、提高水资源利用效率的目的
	刘昌明（1996）	节水的内涵包括挖潜，使区域水资源的潜力得以充分发挥
	沈振荣（2000）	节水就是最大限度地提高水的利用率和水分生产效率，最大限度地减少淡水资源的净消耗量和各种无效流失量
	陈家琦（2002）	节约用水不仅是减少用水量和简单的限制用水，而且是高效地、合理地充分发挥水的多功能和一水多用、重复用水。即在用水最节省的条件下达到最优的经济、社会和环境效益
	王浩（2002）	节水是指采取现实可行的综合措施，减少水资源的损失和浪费，提高用水效率和效益，合理和高效利用水资源
	刘戈力（2001）	节水是指采取各种措施，使用水户的单位取水量低于本地区、本行业现行标准的行为，凡是有利于减少取水量的行为均应视为节水
	陈东景（2001）	节约用水就是通过技术手段和经济手段节水，其效益体现在提高水资源利用效率，增加单位水资源产值，提高经济效益
	陈莹（2004）	节水是指采取现实可行的综合措施，挖掘区域水资源的潜力，提高用水效率，实现水资源的合理利用
	部分学者	节水可以从狭义和广义两方面来理解：狭义上的节水是指采取各种措施以减少总的水资源消耗量；广义上的节水是指在保证经济效益和社会效益可持续发展的基础上尽可能地减少用水量所采取的措施

综上所述，本书认为节水是指采取符合当地实际情况的节水技术和手段，提高水资源的利用效率和效益，实现水资源的可持续利用。

2.1.2 节水型社会的概念

节水型社会和我们通常所讲的节水，既有共同点又有很大的区别。它们的共同点都是为了提高水资源的利用效率和效益。我们通常所讲的节水，主要是通过行政方式来约束，其实质上更倾向于推广节水技术措施和发展节水生产力。而节水型社会中的节水，注重对生产力和生产关系的变革，主要通过管理体制和运行机制建设，大力促进经济增长方式转变，推动资源节约型和环境友好型社会的建设，实现水资源的可持续利用及与生态建设、经济社会之间的协调发展。

节水型社会建设是近年来理论界十分关注的一个课题。节水型社会具有动态性，随着经济社会的发展和科学技术的进步，节水型社会的内涵也在不断扩展。目前国内关于节水型社会还没有统一的定义，具体如表 2-2 所示。

表 2-2 国内不同学者和机构对节水型社会的定义

学者和机构	节水型社会的定义
水利部门	节水型社会是指在水量不变的情况下，要保证工农业生产用水、居民生活用水和良好的水环境，其中包括合理开发利用水资源，在工农业用水和城市生活用水的方方面面，大力提高水的利用率，要使水危机的意识深入人心，养成人人爱护水，时时处处节水的局面
汪恕诚（2002，2003，2005）	节水型社会是指节水制度和水资源配置工程体系基本完善，产业结构、布局与水资源承载能力相协调；全社会形成自觉节水的风尚和合理的用水方式；在维系良好生态系统的基础上实现水资源的供需平衡，基本实现社会经济发展用水零增长
李佩成（1982）	所谓节水型社会，就是社会成员改变了不珍惜水的传统观念，改变了浪费水的传统方式，改变了污染水的不良习惯，深刻认识到水的重要性和珍贵性，认识到水资源并非无限，认识到水的获取需要花费大量的劳动、资金、能源和物质投入；并在工程技术上改变目前落后的供水、排水技术设施，使其成为可以循环用水、节约用水、分类用水的节水系统；在经济上实行有采有补、严格有序的管理措施，将节水意识和节水道德传教于后代，成为每个社会成员的自觉行为，从而把现在的水资源消费浪费型社会改造成为节水型社会
王浩（2002）	节水型社会是指人们在生活和生产过程中，在水资源开发利用的各个环节，贯穿人们对水资源的节约和保护意识，以完备的管理体制、运行机制和法律体系为保障，在政府、用水单位和公众参与下，通过法律、行政、经济、技术和工程等措施，结合社会经济结构调整，实现全社会用水在生产和消费上的高效合理，保持区域经济社会的可持续发展

续表

学者和机构	节水型社会的定义
胡鞍钢（2004）	节水型社会是水资源集约高效利用、经济社会快速发展、人与自然和谐相处的社会
郑炳章（2003）	节水型社会是指在水资源相对短缺的前提下，在技术、经济可行的条件下，人们的意识及行为高度自觉，在工业用水、农业用水、生活用水、水力和地热发电及其他用水方面均能高效并节约用水的一种社会形态
马向瑜（2007）	节水型社会是人们在生活和生产过程中，在水资源开发利用的各个环节，始终具有高度的节水意识，在完善的政府管理体制和市场运行机制的作用下，以一定的制度体系和法制体系为保障，建立与水资源承载力相适应的经济结构体系，通过各种措施开发多种水源、提高利用效率、加大水资源保护力度，最终实现区域水资源与经济社会之间的协调发展
朱志豪（1999）	节水型社会是使有限的水资源发挥更大的社会经济效益，创造更良好的物质财富和生态效益，即以最小的人力、物力、资金投入，以及最少水量来满足人类的生活、社会经济的发展和生态环境的保护
石建峰（2004）	节水型社会是一种崭新的社会体系，是人们在实际生产生活中，通过采取一系列切实有效的手段与举措，并贯穿对自然资源的节约与保护意识，合理开发和高效利用水资源，以建立与水资源承载力相适应的社会经济结构体系为目标，从而实现区域经济、社会、人口、生态等方面相互协调与可持续发展的社会
陈莹（2004）	所谓节水型社会，应是分别表示不同层次范围内合理用水的总特征。在水资源配给上，工农业、各部门、各用水户的用水指标和用水定额得到科学合理的确定，在水市场的调节作用下，全社会人人都具有高度的节水意识

综上所述，本书认为节水型社会是指在水资源开发利用的过程中，采取切实有效的节水手段与措施，实现水资源的可持续利用，建立与生态环境、经济社会的相互协调发展的社会。

2.2　节水型社会的内涵与特征

2.2.1　节水型社会的内涵

节水型社会的内涵包括水资源的开发利用方式、管理体制和运行机制、社会产业结构转型、社会组织单位四个方面。

（1）水资源的开发利用方式。

节水型社会要求改变旧的、不合理的、不科学的用水方式，通过采用新技术、推广新理念等方式做到集约用水、高效用水。

（2）管理体制和运行机制。

节水型社会要求用水权责分明，鼓励各方积极参与，宏观调控与微观管理相结合，积极引入市场模式。

（3）社会产业结构转型。

节水型社会涵盖节水型工农业的建设及与节水型服务业的提升及完善，最终形成一个完整的有机体系。

（4）社会组织单位。

节水型社会包括节水型城市、节水型社区、节水型家庭、节水型企业、节水型灌区等社会组织单位，由它们共同组成一个社会网络体系。

2.2.2 节水型社会的特征

节水型社会包括效率、效益和可持续三重特征（王修贵等，2005）。效率是指减少单位产出的水耗；效益是指增加单位水耗所产生的价值；可持续是指在保障生态环境的前提下实现水资源的可持续利用。

（1）效率。

通过水资源集约科学利用带来的高效率，建设节水型工农业和节水型城市。广泛推广节水新技术和节水新措施，在水资源开发过程中尽量减少损失，在水资源使用过程中尽量减少浪费，降低单位产出的水耗，提高单位和个人的用水效率。

（2）效益。

通过水资源科学配置和结构调整带来的高效益，促进节水型经济的发展。调配水资源应倾向于可以产生更高效益的产业，而对那些高耗水但效益低下的工农业生产部门则应该在一定程度上加以限制，引导水资源向高效益产业流转，从而增加单位水耗所产生的价值，促进水资源利用的合理配置及效益的提高。

(3) 可持续。

通过建立与水资源承载能力相适应的经济结构体系，实现水资源的可持续利用、生态环境的良性循环及经济社会的持续发展。各地区的经济发展和城市建设必须与本地区水资源的承载能力相协调，要结合自身资源特点发展用水效益高的产业，合理规划、整体布局、科学管理，保证本地区的经济发展规模控制在水资源系统可承载的范围之内，从而实现经济社会的可持续发展。

2.3 节水型社会评价的相关理论

节水型社会建设是解决我国水资源短缺问题的根本出路。节水型社会评价的基本理论有可持续发展理论、循环经济理论、环境社会学理论、系统科学理论和评价学理论。

2.3.1 可持续发展理论

2.3.1.1 可持续发展的概念和内涵

(1) 可持续发展的概念。

学术界至今还没对可持续发展给出统一的定义，一般主要是从自然属性、社会属性、经济属性和科技属性四个角度对可持续发展进行定义（张文斌，2011）。当前被国际上普遍认可的是1987年由布伦特兰夫人主持的世界环境与发展委员会发表的《我们共同的未来》中对可持续发展的定义：可持续发展是指既满足当代人的需要，又不对后代人满足其需要能力构成危害的发展，其实质上是追求经济社会、自然资源、生态环境的相互协调发展。

①自然属性。持续性最早是一个生态的概念，即生态持续性。主要是指人类应该合理有度地开发和利用自然资源，不超出生态系统的再生能力和最大限度，从而保持一种相对的平衡。1991年国际生态学协会和国际生物科学联合会共同举办了一场专题研讨会，与会专家为可持续发展给出了如下定

义：保护和加强环境系统的生产和更新能力。另一种从自然属性为出发点定义可持续发展的代表是从生态圈的角度，即认为可持续发展是建立一种完美的生态系统，既保证生态环境的良性循环，又使人类能够持续健康地生存与发展。

②社会属性。1991 年世界自然保护同盟、联合国环境规划署和世界野生生物基金会共同发表了《保护地球——可持续生存战略》的报告，报告为可持续发展给出了如下定义：在生存不超出维持生态系统涵容能力的情况下，提高人类的生活质量。报告还认为，每个国家都应该因地制宜，制定适合本国发展的目标和策略。此外，真正意义上“发展”还必须包括人类健康水平的提升、生活质量的提高、生存环境的改善、自然资源的合理开发和利用，以及民主和谐的社会环境的构建。

③经济属性。爱德华·巴伯（Edward B. Barbier，1985）在《经济、自然资源不足和发展》一书中把可持续发展定义为：在保证自然资源质量和服务的基础上取得最大程度的经济发展利益。也有学者提出，可持续发展要求当今自然资源的开发和利用不得降低将来的收入和福利。因此，“可持续发展”是在保护生态环境和自然资源质量的前提下，追求经济、社会与生态环境相协调的共同发展，而不是竭泽而渔的过度开发或者不顾后果、只顾眼前利益的短视发展模式。

④技术属性。要实现可持续发展，必须制订合理的政策，进行科学的管理。此外，还必须重视新技术的开发和应用，只有这样才能保证可持续发展的顺利实现。有的学者从技术发展的角度对可持续发展给出如下定义：可持续发展就是采用新技术、新工艺，以便尽可能地降低自然资源的消耗、提高自然资源的利用率及减少对环境的排放和污染，这也是建立可持续发展系统的技术前提。因此，人类必须不断提高技术水平和生产力，建立先进的技术系统，以取得更高的经济效益。

（2）可持续发展的内涵。

可持续发展的内涵主要体现在共同发展、协调发展、公平发展、高效发展和多维发展五个方面。

①共同发展。地球上的各个国家和地区作为子系统共同构成了一个极其复杂的大系统。它们之间存在着不同程度的横向及纵向联系，互相影响、互

相制约，因此地球这个大系统的正常运行需要依赖每个子系统的共同作用。只要其中一个子系统运转不良，如某国家或地区出现严重的生态环境破坏，就会导致整个地球大系统陷入严重困境和危机。因此，共同发展就是要求各国家及各地区的协调发展，由此实现大系统及其中各子系统的整体发展。

②协调发展。协调发展要求正确处理环境保护与经济发展、社会发展的关系，确保经济发展、社会发展及环境保护的协调发展，实现经济效益、社会效益和环境效益的统一。不仅包括世界、国家和地区这三个层面的协调，还包括一个国家或地区经济发展、人口增长、资源开发和利用、环境保护、社会发展及内部各个层面的协调，因此协调发展是可持续发展的根本保证。

③公平发展。世界各国的经济发展由于经济制度、传统文化及生产力的不同而存在巨大的差异，这种状况还会伴随时代的发展继续存在下去。但如果这种发展差异是由于某些国家和地区受到一些不公平、不合理的因素所致，则随着时间的推移可能从局部上升到整体层面，从而不利于整个世界的可持续发展，最终导致整个世界的持续发展处于停滞状态。因此，可持续发展有赖于公平发展，一方面，当代人的发展不能危害后代人的生存环境和发展基础，另一方面，一个国家或地区的发展不能危害其他国家或地区的发展，确保国家和地区之间的公平。

④高效发展。可持续发展的两个基本保证是公平和效率。可持续发展的效率不仅涵盖经济学层面的效率，还包括生态学领域的效率。因此，可持续发展所追求的高效发展是一种经济效益、社会效益、生态效益等诸方面高度协调和统一的高效率发展。

⑤多维发展。人类社会的发展因各国、各地区的发展差异呈现一种多维状态。这些国家和地区不仅经济发展存在巨大差异，在制度、文化、环境、地理等方面也迥然不同。因此，虽然可持续发展有其整体性、全局性的特点，但它对于不同国家和地区而言有其不同的内涵，不能简单地套用一种或少数几种模式。因此，各国及各地区在制定可持续发展的目标时，要充分考虑到本国、本地区经济、文化、体制等方面的实际情况，选择适合自身国情的可持续发展战略。

2.3.1.2 可持续发展的基本原则和特征

(1) 可持续发展的基本原则。

可持续发展的基本原则包括公平性原则、和谐性原则、可持续性原则、需求性原则和高效性原则等。

①公平性原则。公平性原则是指能够平等地选择机会，共涵盖当代人与后代人之间的公平性、同代人横向之间的公平性及人与自然之间的公平性。

②和谐性原则。和谐性原则是指人类内部的和谐及人类与外部自然环境之间的和谐。

③可持续性原则。可持续性原则是指当生态系统遭受局部破坏时仍能持续实现其生态效率的能力。它要求人们在保持生态可持续性的前提下调整工作和生活方式，在生态系统的涵容能力内确定消耗标准。

④需求性原则。可持续发展必须保障人类的基本需求，要以人的需求为出发点，使所有人都能够更好地在社会中生存和发展下去，这是需求性原则的本质所在。

⑤高效性原则。高效性原则要求不能只参考经济效果，而是更注重人类基本需求的满足程度，并以此作为重要的参考标准。

(2) 可持续发展的基本特征。

可持续发展具备三个特征：经济持续、生态持续和社会持续。

①经济持续。经济发展是国家实力和社会进步的重要象征，对国家和社会的发展具有重大意义。可持续发展追求经济发展的质量，即在保护生态环境和维持生态平衡的前提下追求经济增长。可持续发展要求淘汰旧的以资源浪费、环境破坏为代价的生产方式和生活方式，强调以最低的资源消耗获取最大的经济效益和环境效益，通过资源的高效利用、污染物的有效控制、生产方式的改进及生活方式的转变等措施来促进经济的高质量发展。

②生态持续。可持续发展要求经济发展及社会发展的规模不得超过生态系统和自然资源的承载能力。它要求在保护生态环境和自然资源的前提下，人类可以持续稳定地获取自然资源。因此，可持续发展必须建立在上述前提条件的基础上，如果脱离上述前提条件就无法实现可持续发展。生态可持续发展要求人类正确处理经济发展、社会发展与环境保护之间的关系，在生态

和谐的前提下实现共同发展。

③社会持续。可持续发展强调以人为本，追求社会的和谐和持续发展，因此注重社会公平的建设。由于各国经济水平、社会状况、政治制度、文化教育等方面存在巨大差异，因此各国的发展目标、发展战略、发展计划、发展方式也千差万别，但是发展的核心都应涵盖人类健康水平的提升、人类生活质量的提高、人类生存环境的改善及平等和谐的社会环境的构建。总之，生态发展和经济发展是基础和条件，可持续发展最终是追求以人为核心的社会可持续发展。

2.3.1.3 可持续发展的基础理论和核心理论

可持续发展的基础理论包括经济学理论、生态学理论、人口承载力理论和人地系统理论，核心理论包括资源永续利用理论、外部性理论、财富代际公平分配理论和三种生产理论。

（1）基础理论。

①经济学理论。经济学理论包括增长的极限理论和知识经济理论：一是增长的极限理论。该理论借助系统动力学的研究方法，综合研究支配世界系统的各种物质关系、经济关系及社会关系。该理论认为随着经济规模、生产规模、城市规模的不断扩大，以及由此产生的人口膨胀及消费总量的急剧攀升，人类正面临着自然资源短缺和生态环境污染的危机，进而限制了上述发展；科学技术的进步和发展虽然在一定程度上可以提高生产力水平，但是由于各种制约导致其作用有限，进而生产力也是有限地增长。二是知识经济理论。该理论认为促进经济发展的主要动力是知识技术和信息技术的进步，未来社会可持续发展的主要基础是知识经济。

②生态学理论。可持续发展的生态学理论认为，要实现生态系统的可持续性，人类的经济建设和社会发展必须遵循生态学的三个定律：一是高效原理，即一方面要提高各种资源的利用效率，另一方面要对废弃物实行合理处置和回收利用；二是和谐原理，即保证经济发展、社会发展与生态环境保护的和谐一致和高度统一；三是自我调节原理，即主要依靠系统内部各个组成部分的自我调节功能不断进行完善，不能单纯依赖外部条件的支持和促进。

③人口承载力理论。人口承载力理论是指地球上的自然环境及自然资源

本身的调节能力和修复能力是有一定限度的，因此地球上的资源和环境对人口的承载能力也是有限的。当经济发展的规模及人口增长的规模超过地球所能负载的极限值时，就会对人类社会的可持续发展带来巨大的威胁甚至是严重的危害。

④人地系统理论。人地系统理论是指人类社会也是地球这个巨系统的一个有机组成部分，在地球系统中居于重要地位。它既产生和存在于地球系统，那必然与地球上的其他子系统互相关联、互相制约、和谐共生。人地系统理论是地球系统科学理论的最重要组成部分，因此也成为可持续发展的理论基础。

（2）核心理论。

①资源永续利用理论。资源永续利用理论认为自然资源的可持续性使用是人类社会能否持续生存与发展的保证和基础。因此，该流派把自然资源的永续利用作为其研究重点。

②外部性理论。外部性理论认为人类一直以来忽视自然资源的经济学意义，忽略其经济价值，没有将自然资源的利用计入成本核算，这是导致生态环境不断破坏、自然资源日益短缺、人类社会也无法实现可持续发展的本质原因。因此，该流派重点研究自然资源的经济学价值和核算方法。

③财富代际公平分配理论。财富代际公平分配理论认为当代人过度开发和利用了本属于后代人的自然资源，这是导致人类社会无法实现可持续发展的核心因素。因此，该流派主要研究在代际间进行自然财富公平分配的方法。

④三种生产理论。三种生产理论认为世界系统由人类社会与自然环境构成，世界系统中物质的良性循环是人类社会及自然环境实现可持续发展的重要基础和保证。这一流派认为世界物质运动包括人类的生产、物资的生产及环境的生产三个部分，因此该流派把这三种生产有效运行和协调发展的机制作为其研究重点。

2.3.1.4 水资源可持续利用的提出

（1）水资源可持续利用的概念和内涵。

可持续利用是指在可持续发展的思想指导下，对再生资源的开发利用保持在其再生范围内的一种方式。面对人口剧增、资源贫乏、生态恶化等一系列世界难题，我们必须科学合理地开发利用水资源，保护自然资源和生态环境，实现水资源的可持续利用。水资源可持续利用是指在水资源、生态环境与经济社会协调发展的前提下，能够维系经济社会的持续发展和生态环境的良性循环，以持续满足当代人和后代人用水需要的一种开发利用和保护管理水资源的新模式和新途径，主要体现在生态持续、经济持续和社会持续三个方面。

①生态持续。水资源利用的生态持续性是指水资源的开发和利用不能超过水资源的可再生能力和承载能力，否则将会严重影响水资源的可持续利用。因此，人类必须遵守水资源的自然规律，合理有度地开发和利用水资源，确保水资源对经济发展、社会发展的长期支持，以建立一种完美的生态系统，既保证水资源环境的良性循环，又使人类能够持续健康地生存与发展。

②经济持续。水资源利用的经济持续性指的是水资源的可持续利用，是经济持续发展的重要基础和必要条件，强调在合理开发和使用水资源、保证水资源供应稳定和安全的前提下取得最大的经济发展效益，从而保证社会总资产及自然资源的总量能够持续扩大。

③社会持续。水资源利用的社会持续性的关键是公平性原则，确保在当代及代际间公平合理地分配水资源。水资源持续利用的公平性原则主要体现在当代水资源分配的公平性、当代与后代之间水资源分配的公平性，以及不同区域之间水资源分配的公平性。

（2）水资源可持续利用的基本原则。

水资源的开发和利用应在水资源承载能力容许的范围之内，以维系和支撑生态环境的良性循环和经济社会的持续发展。水资源可持续利用的基本原则包括战略性原则、公平性原则、科学性原则、整体性原则等。

①战略性原则。要实现水资源持续利用，必须保证人口、资源、环境和经济的协调发展，在不破坏生态环境和合理开发利用水资源的基础上促进经济和社会的共同发展。

②公平性原则。水资源持续利用的目标是保证持续供应当代及后代稳定和安全的水资源，体现当代及代际间公平用水的基本原则。

③科学性原则。水资源持续利用要求科学合理地开发和利用水资源，一方面要有效减少浪费、提高用水效率，另一方面要降低污水排放、提高污水回收利用的水平，尽量确保在不造成环境污染的前提下实现人类健康水平的提升、人类生活质量的提高、人类生存环境的改善，以及经济和社会的全面发展。

④整体性原则。水资源持续利用必须遵循生态经济学原理，注重经济、社会、环境的整体协调发展，不断推动技术进步，提高管理水平，建设生态水利。

（3）水资源承载力的概念和特点。

水资源承载能力是指在一定流域内，能够支撑和维系经济社会持续发展和生态环境良性循环的能力，它具有动态性、多目标性和极限性三个特点（贾嵘等，2009）。

①动态性。动态性包含两方面的内容：一是科学技术的持续进步和社会生产力的持续发展导致水资源开发利用能力不断提高；二是随着供水及节水技术的不断进步，水资源的利用效率和生产效益也越来越高，单位水耗可生产出更多的工农业产品。

②多目标性。承载力的多目标性主要表现为各地区发展模式及用水模式的多样性，这就导致不同地区、不同部门水资源的供需存在差异，另外各地区的发展水平和水资源总量不同，其水资源承载能力也各不相同。因此，应该依据地区差异，科学合理地开发和配置水资源。

③极限性。承载力的极限性主要是指在每个发展阶段中，在合理配置水资源的前提下，水资源的开发和利用对经济和社会发展的最大承受力。

（4）水资源承载力的基本原则。

水资源承载力研究要遵循动态性原则、一致性原则、战略性原则、生态性原则和整体性原则等。

①动态性原则。在分析水资源承载力时，必须充分考虑系统内相关部门在各个时期相互关系的变化趋势、各部门发展的速度、各部门用水的变化趋势。

②一致性原则。各部门经济发展的规模必须与水资源的支撑能力保持协调和统一。

③战略性原则。在对一个地区的水资源承载能力进行研究时，必须结合近期目标和远期规划，合理评估远期水资源的承载力，保证水资源对经济、社会发展的支撑作用，确保水资源与经济、社会的协调发展，这样才能实现水资源的长期可持续利用。

④生态性原则。生态环境对水资源的承载力具有重要作用。良好的生态环境是经济可持续发展的基础和保证，而恶化的生态环境如水体的严重污染则会大大降低水资源的承载能力。

⑤整体性原则。在研究水资源承载力时，必须充分考虑区域系统的整体性，将其中的水资源系统、经济系统和社会系统作为区域大系统中的子系统，研究它们之间的内在联系及其内部各要素之间相互影响、相互制约的关系。

2.3.2 循环经济理论

2.3.2.1 循环经济的概念和基本原则

(1) 循环经济的概念和内涵。

目前关于循环经济的概念，学术界对其没有统一的界定。当前被社会普遍认可的是国家发改委对循环经济的定义："循环经济是一种以资源的高效利用和循环利用为核心，以3R为原则，以'低消耗、低排放、高效率'为基本特征，符合可持续发展理念的经济增长模式，是对'大量生产、大量消费、大量废弃'的传统增长模式的根本变革。"①

循环经济实质上是一种生态经济，它要求遵循生态学和经济学的规律，科学合理地开发利用资源，以3R为原则，实现与生态环境系统相协调的生态型经济系统。它与传统经济相比：传统经济是由"资源—产品—污染排放"所构成，其中物质的流动是单向不可逆的，人们开发利用资源的方式往往是粗放的和一次性的，一方面大量开发地球上的有限资源，另一方面在生产消费过程中又把大量的污染废弃物排放到地球上，这种经济增长方式是以把资源持续不断地变成废弃物这一代价来实现的，这样就导致了大量资源

① 马凯．贯彻和落实科学发展观，大力推进循环经济发展［C］．全国循环经济工作会议，2004-09-27.

的短缺与枯竭，最终导致了严重的生态环境恶化问题。而循环经济是由“资源—产品—再生资源”所构成的一种物质反复循环流动的经济，在这种经济中，人们在生产消费时几乎不产生或者只产生很少的污染废弃物，把人类活动对环境的影响尽可能地降低到最低限度，从而能正确处理经济发展与环境保护之间的关系，最终实现经济社会与生态环境的统一和协调发展。

（2）循环经济的基本原则。

循环经济的 3R 原则包括减量化、再利用和再循环。

①减量化。

减量化原则要求用尽量低的资源消耗来满足相应的工农业生产或生活消费的需求，这就要求在各个领域减少浪费和污染。具体来说，在生产方面，减量化原则主要体现为尽量减小产品的包装体积及产品重量。此外，还要避免产品的过度包装，以减少与之相关的资源投入。在生活方面，则应该尽量选择包装简洁的商品，购买可以回收利用的产品，以免产生过多的垃圾，加重环境负担。只有在生产源头这个阶段控制甚至杜绝废弃物的产生，才能从根本上避免资源浪费和环境污染。此外，对产生的少量废弃物则应该使用各种技术方法进行回收或循环利用。

②再利用。

再利用原则要求在工农业生产或生活消费等各个领域尽可能地提高各种产品的再利用率。在生产过程中要注意产品配件的标准化和通用化，这样可以减少物资消耗、提高产品使用效率；在生活消费过程中要注意引导消费者理性购物，尽量购买可以被回收利用的产品，避免使用一次性产品，防止造成资源浪费和环境污染。

③再循环。

再循环原则要求产品能够被回收利用，再次获取其使用价值，实现其循环利用，以此减少废弃物排放。通过再循环和再利用的实施反过来可以保证减量化的实现。

2.3.2.2 水资源循环经济的提出

（1）水资源循环经济的概念。

目前关于水资源循环经济还没有一个统一的定义，大部分都是在循环经济概念的基础上提出了一些近似概念，具体如表2-3所示。

表2-3 国内不同学者对水资源循环经济的定义

学者	水资源循环经济的定义
陈琨（2003）	水资源循环经济应该至少包括两层含义：一是在用水环节，对于跑、冒、滴、漏、污实现最小量化，最大限度地实现水的净化回收、循环利用，达到或接近水的零排放；二是尊重自然界水的循环规律，在区域范围内，通过经济、工程技术、立法等手段调整水的时空合理分布和利用，维护水的自然循环系统，使水资源得以永续利用
马忠玉（2006）	水循环经济首先是一种先进的水资源经济发展模式，它是建立在社会水循环系统分析的基础上，遵循循环经济的思想，按照水资源节约、水环境友好的原则，在人们生产和生活过程中，在水资源开发利用的各个环节，始终贯彻“减量化、再利用、再循环”的原则，重视采用新技术、新材料、新工艺，并以完善的制度建设、管理体制、运行机制和法律体系为保障，提高水的利用效益和效率，最大限度地减轻和降低污染，来实现社会发展的最终可持续性
张凯（2007）	水资源循环经济是以循环经济理论为指导，以无害化为基础，遵循减量化、再利用、资源化的原则，在水资源承载能力范围内，合理开发利用水资源，减少水污染，提高水资源利用率，保护和改善水生态环境，实现水资源持续利用
李雪松（2007）	将水资源的开发、利用与管理纳入社会经济—水资源—生态环境复合系统之中加以综合考虑，力图使人类对水资源开发利用活动既符合水循环自然规律，又遵循社会经济规律，实现水循环与经济循环的和谐统一
张玉山（2012）	在社会和经济层面，以水资源的高效利用和循环利用为核心，以减量化、再利用、再循环、再分配为原则，以低消耗、低排放、高效率、高效益为基本特征，采取技术、经济、管理、政策等手段和措施，实现在自然层面上的水资源开发利用可持续及生态环境可持续

（2）水资源循环经济的基本原则。

水资源循环经济的4R原则包括减量化、再利用、再循环和再分配。

①减量化。减量化包括以下内容：一方面要求在工农业生产或生活消费等各个领域节约用水，尽量降低耗水量；另一方面要求实施清洁生产，实行废污水资源化，尽量降低污水排放，减少对水环境的污染。

②再利用。再利用是指尽量对水资源进行多次循环利用，通过实施清洁生产和废污水资源化等模式，最大限度地避免生产、生活废水及污水的产生并提高其回收利用的效率，实现水资源的重复利用。

③再循环。再循环是指通过实施废污水资源化等利用模式，水资源在初

次使用后可以被回收利用再次获取其使用价值，包括原级再循环和次级再循环两种方式。原级再循环是指使用过的水资源被回收后继续用作同一用途；次级再循环是指使用过的水资源被回收后用于其他目的。

④再分配。再分配是指通过水资源的合理分配，在同一领域内或不同领域之间对有限水资源进行重新优化配置，使水的使用功能在一定范围内得以转化，从而提高水资源利用效率和效益。

2.3.3 环境社会学理论

2.3.3.1 环境社会学的概念

环境社会学以环境和社会关系为基础来研究当代社会的环境问题及其社会影响。它与传统社会学的区别在于：传统社会学把被研究对象的自然、物理及化学的环境排除在外，而环境社会学则对这些环境也进行研究。环境社会学主要就是研究这些环境与人类社会及人类群体之间的关系。跟传统社会学不同，环境社会学把自然界也作为其研究对象。环境社会学把分析环境问题的社会过程及其社会原因作为其主要任务，分析现代社会是如何受到环境问题的影响。

2.3.3.2 环境社会学的基本理论观点

环境社会学基本理论观点包括新生态范式、代谢断层理论、苦役踏车理论等。

（1）新生态范式。

这一观点是由邓拉普和卡顿提出的，该观点是一种激进性的生态中心主义思想。他们认为：首先，人类与其他生物相比，在对环境的利用、影响和改变方面具有独特性，但是人类仍然是地球生态系统中的一个组成部分。其次，人类与其他生物一样都要受到自然环境的制约，因此如果人类违背自然规律，就会对自然环境造成严重破坏。再次，人类赖以生存的自然环境具有一定的限制性。最后，即使人类可以通过科技进步在一定时期、一定范围内暂时突破自然承受力的最大限值，也无法改变自然法则。邓拉普等人以生态主义为中心，开拓了社会与环境互动关系的新的研究范围。

（2）代谢断层理论。

美国学者福斯特认为，马克思对各种生态问题进行了深入研究，包括环境污染、土壤侵蚀、人口扩张、资源减少等方面，他提出人类作为地球生态系统中的一个有机组成部分与自然环境之间存在着物质流动，因此人类社会应该与自然界共同发展、和谐发展、持续发展。福斯特提出的社会—生态"代谢"理论是基于马克思对劳动过程的分析，他认为劳动使人类与自然界产生了有机的结合，因此维持生态平衡和完整是保证人类持续发展的基础。马克思认为，当时新兴的大规模工农业生产严重破坏了人类与自然环境之间的和谐和平衡，人类对自然环境的破坏导致了生态退化①。

（3）苦役踏车理论。

"苦役踏车"理论是由美国社会学家施耐伯格于1980年提出的，这种理论认为人类与生态环境之间存在严重冲突。在工业社会的各个领域，持续快速的经济增长是企业追求的目标，成为企业生存发展的标准。随着工农业各生产部门的产能越来越大，制造出的工农业产品越来越多，为了不断推出产品、持续扩大生产、避免产品积压，鼓励人们大量消费和大量废弃，造成了大量的资源浪费，这样就形成了"大量生产—大量消费—大量废弃"这样一个工业社会无法克服的恶性循环。但是，这种不顾后果的经济快速膨胀必然导致自然环境无法承受，比如自然资源被过度开采、自然环境遭到严重破坏和污染，进而产生各种严重的生态问题。施耐伯格认为，出现这种"苦役踏车"式恶性循环的深层原因是在资本主义市场范围内毫无约束的盲目竞争及经济制度导致的。因此，只有彻底改变这种传统的生产模式和消费模式，才能够从根本上解决生态问题。

2.3.4 系统科学理论

任何一个研究对象都可以被看作是一个包含多个要素的完整有机系统。节水型社会评价系统是由水资源系统、生态环境系统及经济社会系统相互耦合形成的一个有机整体，三者之间存在着不间断的物质循环、能量流动及信

① 汉尼根．环境社会学［M］．北京：中国人民大学出版社，2009.

息传递。这一系统具有一般系统的特征，符合系统的基本原理。

2.3.4.1 系统的概念和基本特征

系统由两个及以上的相互联系与作用的要素构成，是具有一定结构和功能并处在一定环境下的有机整体。构成系统必须具备三个基本条件：一是要素数量必须大于2；二是各要素之间存在着一定结构上的联系和影响；三是各要素的有机结合使系统具有一定的整体功能。系统具有整体性、层次性、目的性和适用性四个基本特征。

（1）整体性。

系统的整体性也叫系统性，一般认为整个系统所发挥的功能通常大于它的各个组成部分所发挥的功能之和，因此不能简单地把各个要素的功能进行相加来计算整个系统的功能。这表明构成系统的各个要素在系统组成之时具备了某种新的特征，而这种特征是它在单独存在的时候所不具备的，因此整个系统的功能并不等同于各要素的单个功能之和。基于整体性这一特征，在研究某个对象的时候必须既要在宏观上考虑其整体性，又要在微观上考虑各个构成要素的特质，即必须从整体性出发，探究系统整体的本质和各构成要素之间的关系，正确评估系统的整体效应。

（2）层次性。

任何较为复杂的系统都具有一定的层次结构，高一级的要素系统通常由若干个低一级的要素有机构成。因此，在研究复杂系统时，首先，要明确它的系统等级及需要研究的具体层次；其次，运用综合分析的方法，将系统划分为若干个层次；再次，将系统的各层次各要素联系起来整体分析系统的结构和功能；最后，分析各层次的分工和职能，使各层次能够进行有机地协调和组合。

（3）目的性。

目的性是指系统的建立和发展都必须有其最终实现的目标，系统的不断完善和发展都是围绕这个目标来进行的。系统的目的性与整体性通常是联系在一起的，各个要素之所以构成一个有机的系统，就是为了实现其目的，否则就只是各要素的简单堆积。因此，要确定建立系统的目的，明确系统需要达到的目标和最终状态，以此研究系统的发展状态和趋势。此外，还要根据系统各部分的信息反馈进行调整，以保证系统的发展能够最终实现其目标。

（4）适用性。

任何系统都不是孤立存在的，都要依赖一定的环境才能实现其目的，因此系统和环境之间存在着紧密的联系。系统的适应性是指系统为了更好地在环境中发展而具备的应变能力，即具备适应环境变化的能力。系统的适应性包括如下内容：第一，当环境的变化导致系统无法维持原有的稳定状态时，系统自身会逐步发展为一个新的稳定状态，以便与环境的变化相适应。第二，当系统原有的状态失去平衡后，系统会借助自身机制进行调节，以便抵消环境改变的影响并恢复系统原有的状态。第三，系统由于受到突然的外界强烈影响而迅速调整为一种新的稳定形态。

2.3.4.2　系统论的理论基础

系统论的理论基础包括以下五个方面。

（1）系统得以形成的最重要的原因是其内部的各基本要素之间相互联系、相互作用和相互影响。因此，要把系统的整体联系作为系统分析的研究对象，并以此为基础来协调各要素及各要素之间的活动，通过它们之间相互影响和制约的有机联系来发现系统的基本特征并揭示其运动规律。

（2）系统都是由数个不同的要素组成。各要素之间的差异是构成系统的前提。因为每个要素都有其独特性，它们都具有不同的属性和特点，因此在研究时不能一概而论，应该对它们进行区分，借助系统研究的方法论对各要素逐个研究并提出相应的决策方案。

（3）世界是由物质构成的，而物质是无限多样的，这决定了系统的构成也有其丰富的层次性。物质之所以能够具有无限多样性是因为其结构层次可以无限分解，也就是说，每个母系统都可以分解成为一系列的子系统，而每个子系统又可以作为下一级母系统继续细分为更小的一系列子系统，这样就形成了一个由数个子系统及其基本要素构成的层次结构系统。因此，在研究各种复杂问题的时候，必须从系统的不同层次来分析，并进行科学深入的研究，这样才能找出合理的解决方法，认清事物的本质。

（4）每个系统都有其存在的环境并且受其制约。能否与外部环境相适应是衡量系统优劣的重要标准：一个好的系统应该是开放性的，能够与外部环境保持良好的动态适应；反之，如果一个系统不能够很好地适应外部环境，就会出现问题，难以良性发展，甚至会最后消失。因此，一个系统要存在下去，就必须很好地适应外部环境。小到一个公司、一个部门，大到一个地区，一个国家都处在某个特定的环境中，因此它们都要适应其各自的外部环境，这样才能更好地良性发展。同时，除了外部环境以外，母系统本身也会对其子系统产生一定的影响。比如对于社会这个大系统而言，处于其中的个人、单位、机构、国家等都属于其子系统的范畴，因此自然而然地都要受到社会这个大系统的影响并且受其制约。

（5）任何系统的建立都有其明确的目的性，系统的基本功能正是由其目的性来决定的。要实现系统的功能，通常需要同时或者依次完成一系列相关的任务。这些相关任务的解决就构成了母系统与其子系统功能过程的内容，其结果就是系统功能所追求的中间或最终目标。系统内部各个子系统的目标是互相限制、互相矛盾的。因此，必须平衡并协调系统内部各个子系统之间的矛盾，找出一个适中的方案，这样才能实现系统的整体目标和利益最大化。而传统的方法存在各种缺陷，往往无法完成这一系列相关的任务，所以要采用系统分析的方法才能够为系统制定出最科学合理的目标。

2.3.5 评价学理论

2.3.5.1 科学评价的概念和基本原则

因为科学评价总是处于动态的发展之中，它又具备综合和集合的特征，因此至今学术界也无法给它一个正确、统一的定义。这其中的原因首先在于它自身丰富的内涵、庞杂的内容、宽广的范围及动态的变化，其次在于它包含着诸多的相关概念，因而它属于概念集合的范畴。科学评价的定义分为广义和狭义两种，广义上的定义是指用科学的方法对所有对象进行的评价；狭义上的定义是指以科学活动及科学研究活动为对象的评价。

科学评价的基本原则也是科学评价的根本指导思想。主体在实施科学评价活动过程中的基本思想是由科学评价的原则来体现的。因此，指导原则的不同必然会导致科学评价结果的不同。科学评价的基本原则一般包括以下几个方面：客观与公开公正公平原则、分类与可比性原则、定性评价与定量评价相结合原则、实用与可操作性原则、系统与综合原则、科学原则、适度原则、导向合理原则等。

（1）客观与公开公正公平原则。

在进行科学评价的时候，必须严格按照评价标准，针对评价对象的特点，客观、公正地对评价对象进行如实的评价。客观就是以事实为基础，这也是科学评价最重要的一个原则。而公开、公正及公平的原则是实施客观原则的基础和保证。在科学评价的过程中，除非涉及保密内容，否则评价的标准、方法和进程都应该公之于众。公开是公正的基本保证，而公正则是公平的重要体现，只有做到公开公正公平，并且保证评价主体的独立性不受干扰，才能够使评价得以客观地进行。

（2）分类与可比性原则。

要想取得科学、准确的评价结果就必须采取分类和可比性的原则。因为评价活动涉及很多层面和因素，因此必须根据评价对象的差异采取分类评价的方法，对具有不同属性和特点的评价对象使用不同的评价标准和评价方法，而不能一概而论，对所有的评价对象都采用同一种标准和方法来进行评价。因此，为了增强评价对象之间的可比性及取得科学准确的评价结果，就必须科学、合理地对评价对象进行分类和比较。

（3）定性评价与定量评价相结合原则。

数学化在当今科技发展中的趋势日益明显，因此定量分析和定量评价在科学研究中占有越来越重要的地位。因为评价活动必须依赖定性分析与定性评价，所以必须始终保持二者的紧密结合。科学研究必须循序渐进地实行定量化，这样才能对评价对象进行客观公正的评价。但是由于很多因素是不明确的、模糊的，因此只有将定性分析和定量分析相结合，并采用逻辑判断的方法对评价对象的定性描述进行量化处理，这样才能对其进行真实、科学的评价。

（4）实用与可操作性原则。

科学评价必须能够及时、准确地反映当时的科学活动，这样才能对科学研究进行指导。因此，在科学评价的过程中必须坚持点面的合理结合，选择重要的效应，适度舍弃一些次要的、对整体作用不是很大的次级效应，准确地选出有效指标，这样才能提高评价效率。由于评价活动涉及的层面、因素较多，评价方法和评价指标也十分庞杂，劳动量较大，因此必须坚持实用和可操作性原则，选择科学、合理的评价方法，确定关键、适量的评价指标，这样才能简化评价过程，使评价过程更容易进行、更具可操作性。

（5）系统与综合原则。

在科学评价的过程中，必须对评价对象进行系统、全面的评价，不能局限于对其进行某个单一层面的评价。系统原则要求在评价活动中必须依据系统的完整性、系统各部分的相关性、系统的变化性及系统的有序性等特点，遵循整体与部分相结合，以及动态发展的观点来进行评价，这样才能保证科学评价具有更高的准确性和深刻性。因为评价对象是由多因素、多层面构成的复杂系统，这些构成部分彼此又互相限制、互相影响，因此必须从多角度出发开展评价活动，综合、全面地对评价对象进行科学评价。

（6）科学原则。

科学评价中的科学原则是指科学评价的方法、标准、流程和结论的科学性和准确性，评价过程及评价结果的可重复性。可重复性是指使用同样的评价方法、同样的流程得出同样评价结果的概率。取得同样评价结果的概率越高，那说明评价结果的科学性、可靠性也就越高。由于科学评价在进行的过程中会受到诸多因素的影响，因此评价结果往往会成为一种概率事件。但是，在评价的过程中还是要严格遵守科学的原则，以取得科学准确的、具有较强趋同性的评价结果。

（7）适度原则。

科学评价在实施的过程中必须根据其自身特点采取适度的原则，确定合理的评价周期。评价周期过长或过短都会影响评价结果的科学性和准确性，因此，科学评价必须采取适度原则，这样才能准确、科学地对评价对象进行评价，以取得预期的效果。

（8）导向合理原则。

科学评价的导向性非常明确，因此，在科学评价的过程中要始终把评价目标放在中心地位，在此基础上来开展评价工作，以免偏离评价方向。进行科学评价的目的就是要带动和促进科学研究的良性发展，使资源可以得到合理的配置和利用，工作效率也可以得到进一步提高。但是如果导向不合理或者不正确的话，就会严重影响科学评价的进行，进而使科研政策的推出和实施偏离既定目标，无法取得应有的效果。

2.3.5.2　评价学的理论基础

评价一个系统，首先要明确评价目标和评价标准。为保证评价结果的科学合理，这就要求有一套完善的理论体系作为评价活动的理论基础和依据。评价学的理论基础主要包括：价值理论；计量学理论；比较与分类理论；信息论与系统论；科学管理与科学决策理论；信息管理科学理论；数学与统计学理论等。

（1）价值理论。

价值理论包括一般价值理论和劳动价值理论，它主要研究评价对象对社会经济发展和人类持续生存的价值及劳动本身的价值。价值理论是一般评价活动的理论基础，为科学评价提供支持和指导。它主要用于认识研究对象的价值，理解其客观真理和社会意义。

（2）计量学理论。

计量学理论主要包括文献计量学、科学计量学、知识计量学和经济计量学理论，是进行科学评价量化分析的基础和方法。它以评价活动中的不同方案为统计研究对象，从不同的角度和不同的层次，用科学的量化指标描述研究对象的不同属性与特征，从整体上把握和认识研究对象的发展状态和发展水平。它广泛应用于科技评价与决策、科研评价与资源配置、学科与知识评价、科研机构和人才评价等方面。

（3）比较与分类理论。

比较和分类是认知事物和现象的基本方法。通过比较和分类能够区别事物的异同，将分析对象按照其属性和特征分成不同的类别，使其更具可比性。它广泛应用于评价活动中的分类评价、排序评价、指标分类等。

（4）信息论与系统论。

世界上任何事物都可以被看作是一个系统，该系统是由两个及两个以上的子系统组成的有机整体，通过信息论和系统论对系统进行综合研究。它将科学评价活动看成是一个有机整体和完整系统，并分析整个系统与各子系统的关系，以及各子系统之间的相互影响关系。

（5）科学管理与科学决策理论。

科学管理与科学决策理论是综合运用各种管理与决策方法，在对多个方案充分理解和分析的基础上进行评估、比较和决策，并通过信息反馈对管理工作进行调整和修正。它主要用于政府、企业、研究机构等主体的绩效评价、政策和相关法律法规制定、资源配置、评价与决策等。

（6）信息管理科学理论。

任何评价活动都可以被看成是一个需要分析和处理大量信息资源的管理过程。信息是一种需要深度开发和利用及有效管理的宝贵资源，它主要用于评价信息的采集、处理和利用，为科学评价提供支持和服务，如系统评价数据库和评价专家数据库的建设等。

（7）数学与统计学理论。

数学与统计学理论主要是利用数学模型来描述被评对象内部各属性之间的本质联系或者被评对象之间的复杂关系，并将统计数据结果代入模型进行运算和检验。它主要是通过建立数学模型和科学评价方法，进行数据的统计、处理和分析以及结果预测。

2.4 我国节水型社会建设的指导思想、基本原则和目标

2.4.1 节水型社会建设的指导思想

根据节水型社会建设规划，明确节水型社会建设的指导思想：以科学发展观为指导，加强环境保护与资源节约，落实社会经济发展及节水型社会建设的要求。大力提高水资源利用效率，大幅提升水资源利用效率，通过制度创新推进经济增长方式的转变。切实转变用水观念，规范用水行为和用水方式，把水资源节约和水资源保护放在突出位置，倡导节水型生产方式、节水型生活方式和节水型消费模式。加强对水资源的合理利用和分配管理，根据各地区自身水资源的条件做到合理分配、高效利用，全面改善和优化用水结构，促进各地区经济协调持续发展，确保经济规模和社会

发展控制在水资源的承载能力范围之内。建立最严格的水资源管理制度体系，促进水资源的科学配置、高效利用和有效保护。明确水资源开发利用的范围，严格控制用水总量及排污总量，建立用水效率限定值，严惩水资源浪费。充分利用市场规律和价格杠杆，综合采用各种手段，推进节水型社会的全面建设。

2.4.2　节水型社会建设的基本原则

节水型社会建设的基本原则有四个方面：提高用水效率，转变用水方式；统筹规划和合理布局，明确区域重点建设；完善水资源管理制度，合理开发利用水资源；以政府为主导，鼓励全民共同参与，具体内容如下。

1. 提高用水效率，转变用水方式

加强对水资源的合理利用和分配管理，对水资源进行结构优化和合理配置，厉行节约用水、杜绝水资源浪费、限制不合理用水，提高水资源利用效率，提升水资源利用效益，倡导节水型生产方式、节水型生活方式和节水型消费模式。既要注重源头控制又要注重末端治理，通过节水的方式达到减少排污的目的，以便提升水环境的质量、促进生态的良性循环；科技创新是节水型社会建设的重要支撑，因此必须提高科技创新能力，充分发挥科技创新的引领和推动作用，大力建设节水技术创新体系，积极研发新式节水技术和节水设施，实现水资源的高效利用和可持续利用，进而实现经济及社会的可持续发展。

2. 统筹规划和合理布局，明确区域重点建设

结合区域自身水资源的条件和水资源配置方案，进行统筹规划和合理布局，确定各地区的用水总量及各部门的具体用水指标，做到总量控制与定额管理相互协调，保障宏观调控与微观管理的同步执行。综合考虑各区域的经济发展规模、水资源承载能力及自身资源特点，科学规划和合理配置水资源，明确各区域节水型社会建设的重点领域和发展方向。

3. 完善水资源管理制度，合理开发利用水资源

通过不断完善和健全有关水资源开发利用和保护的法律法规及制度机

制，建立最严格的水资源管理制度体系，促进水资源的科学配置、高效利用和有效保护。规范各地区、各部门的用水行为和用水方式，合理有度地开发和利用水资源，实现水资源管理的科学化、制度化和规范化，推进节水型社会的全面建设。

4. 以政府为主导，鼓励全民共同参与

以各级政府部门为主导，将节水型社会建设纳入区域发展规划，将节水型社会建设作为区域经济社会发展的考核指标，在对区域经济社会发展进行宏观调控的基础上强化节水型社会建设的重要性。各级政府部门还要加强监督和保障具体节水措施的执行，明确各部门的节水目标和节水责任，并按照实际节水建设水平进行考核和奖惩。要充分运用各种媒体，大力宣传，使大众了解节水型社会建设的重要性和迫切性，引导全民自觉参与共建节水型社会。

2.4.3 我国节水型社会建设的目标和任务

根据节水型社会建设规划的要求，我国应取得如下阶段性成果：节水型社会建设取得显著成效，水资源利用效率明显提高，水资源利用效益大幅提升，用水结构全面改善，用水方式根本转变，建立最严格的水资源管理制度体系，促进水资源的科学配置、高效利用和有效保护。我国节水型社会建设的任务主要包括以下四个方面：

（1）对水资源进行最严格和最科学的管理，做到总量控制与定额管理相互协调，保障宏观调控与微观管理的同步执行。

（2）规范用水行为，改变用水方式，在合理开发和利用水资源的基础上促进各地区经济协调健康发展，确保经济规模和社会发展控制在水资源的承载能力范围之内。

（3）要推广新型节水技术及设备，对水资源进行科学配置、高效利用和有效保护。

（4）对全民进行节约用水的教育和宣传，促进全民树立自觉节约用水的意识。

2.5　本章小结

（1）本章在综合理解节水型社会的概念、内涵和特征，以及参考国内外重要文献的基础上，对节水型社会评价依托的基本理论——可持续发展理论、循环经济理论、环境社会学理论、系统科学理论和评价学理论进行了详细的阐述和研究，并提出了我国节水型社会建设的指导思想、基本原则、目标和任务。

（2）本章在对可持续发展的概念、内涵、基本原则和特征进行详细阐述的同时，对可持续发展的基础理论和核心理论进行了详细的介绍，并在此基础上提出了水资源可持续利用的概念和内涵。可持续发展的基础理论包括经济学理论、生态学理论、人口承载力理论和人地系统理论；可持续发展的核心理论包括资源永续利用理论、外部性理论、财富代际公平分配理论和三种生产理论。

（3）本章对循环经济的概念、内涵和基本原则进行了详细的阐述，并在此基础上提出了水资源循环经济的概念和原则。

（4）本章在对环境社会学的概念进行详细阐述的同时，对环境社会学基本理论观点——新生态范式、代谢断层理论、苦役踏车理论进行了详细介绍。

（5）本章在对系统的概念和特征进行详细阐述的同时，对系统论的基本理论观点进行了详细介绍。

（6）本章在对科学评价的概念和基本原则进行详细阐述的同时，对评价学理论基础——价值理论、计量学理论、比较与分类理论、信息论与系统论、科学管理与科学决策理论、信息管理科学理论、数学与统计学理论进行了详细介绍。

（7）本章对我国节水型社会建设的指导思想、基本原则、目标和任务进行了详细的阐述。

第 3 章

我国节水型社会建设评价指标体系设计

3.1 评价指标体系设计的指导思想、原则与步骤方法

评价指标体系的设计涉及多个因素、多个方面，因而其设计过程十分复杂。而评价指标体系本身就是一个由数个相互影响和制约的子系统及其基本要素构成的具有层次结构的有机复杂系统。因此，设计一个科学、合理、系统的评价指标体系绝非易事，需要严格按照科学评价的指导思想和设计原则，经历一系列彼此关联的复杂环节和阶段。

3.1.1 指导思想

本书的目的是对节水型社会建设的发展水平进行评价。通过研究和借鉴国内外关于节水型社会评价指标体系的文献资料，节水型社会建设评价指标体系应能反映以下三个方面：

（1）评价指标体系应能反映工、农业和生活节水的水平，这是节水型社会建设评价的关键。

（2）评价指标体系应能反映水资源、生态环境与经济社会之间的协调

发展水平。

（3）评价指标体系应具有实际操作意义，以使不同年份或不同地区的各项指标能够横向或者纵向比较。

3.1.2　设计原则

设计科学合理的评价指标体系，是保障评价结果准确可靠的基本前提，因此评价指标体系的设计是科学评价的关键环节。设计时应该充分考虑我国的国情及水资源开发利用的现状，在借鉴国内外研究成果的基础上，应遵循以下原则。

（1）目的性原则。

在设计的时候必须始终把节水型社会建设水平评价置于核心位置，选取的指标应能全面、综合地体现节水型社会建设的实际状况及发展前景。

（2）科学性原则。

评价指标体系的设计应能真实地体现节水型社会的各个层面、内核和基本特征，在科学规范的基础上统计与测算各项指标，实事求是地进行评价。

（3）系统性原则。

在选择评价指标时，必须从整体的角度把节水型社会建设看成是一个系统问题，选取的指标应能反映节水型社会评价系统本身及节水型社会评价各子系统之间的相互关系。

（4）层次性原则。

层次性是系统的重要特征，因此选取的指标应能从不同层次反映节水型社会建设的实际状况。即高层次的指标涵盖低层次的各种指标，低层次的指标来自高层次的指标，是高层次指标构建的有机组成部分。

（5）全面性原则。

评价指标体系应能全面、综合地对节水型社会建设水平做出客观、真实的评价。通过对节水型社会评价系统进行分析，选取涉及所有层次及所有子系统的指标。

（6）可操作性原则。

评价指标体系的设计必须具有可操作性。指标的选择应当尽可能地利用现有的数据或通过计算可以获得的数据资料。有些指标对于系统评价非常重要，但其数据却暂时难以取得，这种情况下可以先借助定性指标进行评价，之后再利用准确测得的数据重新评价。

（7）动态性原则。

节水型社会处于不断的发展变化之中，因此评价节水型社会的各项指数也会不断变化，这就要求选出的指标能够动态地体现节水型社会建设的发展及变化特征。

（8）定性与定量相结合原则。

评价指标的选择既能够准确、客观地从定量的角度体现节水的技术水平、经济建设等方面，又要能够定性地反映节水体制的真实状况。

3.1.3 节水型社会建设评价指标体系的构建步骤及方法

在实际评价活动中，如何构建一个科学合理的评价指标体系，是进行科学评价的前提和关键环节，直接关系到评价结果是否可靠准确，具有非常重要的作用。构建评价指标体系一般需要经过以下三个步骤。

1. 系统分析评价对象

在构建评价指标体系时，首先，应明确评价活动的目的和原则，确定评价的内容和范围；其次，应全面准确地对被评价对象（本书研究为节水型社会建设水平）进行深入系统的综合分析；最后，厘清评价对象的目标、内涵、特征、属性、影响因素等要素。

2. 初步设计评价指标体系

在系统分析评价对象的基础上，依据评价目标的本质特征和内在联系对其进行分解，并按照隶属关系对各层次目标分别制定其隶属的系列评价指标，初步构建评价指标体系层次结构。在评价指标体系构建过程中，在确保整体最优的前提下，采取系统性与层次性相结合、全面性和科学性相结合、可操作性和实用性相结合、定性与定量相结合的原则，科学合理地确定各项评价指标，初步建立节水型社会建设评价指标体系。

3. 筛选并优化评价指标体系

在初步建立节水型社会建设评价指标体系的基础上，需要对各项基本确立的评价指标进行更深层次的综合分析，进一步对指标进行筛选和优化。采用剔除、补充、合并等方法对初步建立的评价指标体系进行修订和完善，以保证评价指标体系的客观性和准确性。与此同时，还需广泛征求和充分听取相关专家的意见，利用专家丰富的知识和经验，对评价指标体系进行反复修改和更高层次的完善，最终才能确定节水型社会建设评价指标体系。

3.2 节水型社会评价系统分析

自从人类社会产生以来，万事万物的发展和演变都是建立在系统的基础之上的。建设节水型社会必须合理高效利用水资源，以保证水资源、生态环境与经济社会和谐发展。本书构建的节水型社会评价系统是由水资源系统、生态环境系统及经济社会系统相互耦合形成的一个有机整体，三者之间存在着不间断的物质循环、能量流动及信息传递，其中水资源子系统是整个节水型社会评价系统的核心。对节水型社会建设进行评价，首先必须对“水资源—生态环境—经济社会”这一大系统及各子系统进行深入分析。

3.2.1 水资源子系统分析

水资源系统是由一定区域范围内可供人类利用的各种形态的水所构成的统一体。水资源子系统是整个节水型社会评价系统的核心，是维系生态环境系统良性循环和经济社会系统持续发展的重要基础。

3.2.1.1 水资源系统的特点

水资源可分为地表水资源和地下水资源。地表水资源是指河流、湖泊、沼泽、冰川、永久性积雪等地表水体中可以逐年更新的淡水量，通常以还原后的天然河川径流量表示其数量；地下水资源是指在一定期限内，能提供给人类使用的，且能逐年得到恢复的地下淡水量，通常以地面入渗补给量（包括天然补给量和开采补给量）表示其数量，因此地下水资源的开采量应该小于补给量，这样才能保证地下水资源储存总量的稳定，否则就会导致地下水资源的过度开采，从而带来严重的环境和生态问题。水资源系统具有循环再生性与有限性、时空分布不均匀性、多功能与利害双重性等特点。

（1）再生有限性。

水资源可以通过大气环流等方式进行循环，因此具有可再生性。尽管水资源的更新是没有限制的，但由于受到自然环境变化以及人类活动的影响，这个过程往往只能在有限的范围内进行，这两种情况决定了水资源的开采和利用只有在水资源可更新的范围内才能够可持续进行，因此，在水资源开发和利用的过程中要始终考虑到水资源的有限性特征，避免过度开采。

（2）不均匀性。

水资源的分布因地区、年代的差异而显得非常不均匀。每个地区的水资源分布都有所不同，而同一地区的水资源因为受到自然条件或者人类活动的影响，在不同年代以及同一年的不同时段的总量及分布也有很大差别。区域年降水量作为水资源的重要参数受到多种因素的影响，因而其规律更是难以掌握，枯水年和丰水年交替出现或者连续枯水、连续丰水都有可能。因季节不同年内水资源也可能发生巨大变化，大量降水的季节可能不适合水资源的开采和利用，而降水偏少的季节又会出现水资源不足的情况。

（3）多功能与利害双重性。

水资源可以用于工业生产、农业灌溉、水产养殖、水路运输等各个方面，因而具有多种功能。此外，水对于自然环境而言也非常重要，它是生命存在的基础，因而是维持自然界平衡的基本条件。但是，如果对水资源过度开发超出其承载力，则会引起一系列的环境及生态问题，比如土壤退化甚至盐碱化、水体污染、沿海地区海水入侵。水资源既可以供人类利用但使用不当又能够给人类带来危害，这正是其利与害双重性的生动体现。因此，在水资源开发和利用的过程中要做到兴利除害，既要保证经济、社会的持续发展，又要注重生态环境的保护，这样才能真正实现可持续发展。

3.2.1.2 水资源的开发利用与管理

（1）水资源的开发利用。

水资源的开发利用必须保证生态环境效益与经济社会效益的互相协调，这要求在促进经济社会发展的同时注重生态环境的保护，并高效节约地开发和利用水资源。要做到合理开发利用水资源，应注意以下几点。

第一，水资源的开发力度必须加以限定。开发利用量一般不得超过水资源系统的补给资源量，否则最终将导致水资源枯竭。

第二，水资源的开发利用应与经济社会发展相协调。在制定相关政策时应充分结合经济发展规划，既充分保证当前用水需求和用水结构的优化，又要为将来经济社会的发展用水及用水结构的调整保留一定的余地。

第三，水资源的开发利用应与生态环境相协调。大规模的水资源开发利用可能会对环境造成巨大破坏，如地面沉降、土壤盐渍化、生态退化等，在沿海地区则存在海水入侵的风险。因此，在开发和利用水资源的同时一方面要注重保护水质，另一方面则应该及时评估环境破坏的风险。

第四，水资源的开发利用应统一考虑地表和地下水资源、实行联合调度。全方位考虑供需结构、开源节流、水资源重复利用和保护等问题，提高水资源的利用效率和效益。

（2）水资源的管理。

为了科学合理地开发利用和保护水资源，实现节水型社会建设，必须对水资源进行切实有效的管理。水资源的节水管理措施主要有以下六个方面。

第一，宣传方面。相关部门应当利用各种方式进行宣传，以便让节约用水的理念深入人心，引导公众形成自觉节水的意识，在生产、生活中不断提高自身节水的水平，让全社会都了解节水的必要性以及与此有关的各项方针政策。

第二，制度方面。在树立全民节水意识的同时，还要加强制度建设，让节水工作受到有效的社会及舆论监督，尤其要重视新闻媒体的作用，并建立公开透明的公众参与机制，提升公众参与能力，鼓励社会各界力量共同参与节约用水。

第三，法律方面。各地区必须充分认识到立法的重要性，根据自身情况按照上级部门的立法精神完善本地区的节水立法及节水管理规定，依法对本行政区域内节水工作进行管理。这些法律法规必须为节水事业以及节水产业发展提供制度保障。

第四，行政方面。各省水行政主管部门应该与有关部门共同制定技术先进、经济合理的节水标准。中央及各级地方政府可以计划组织一些优秀的示范工程，以带动节水型社会建设加速进行。各级政府在其任期内都必须严格执行节水规划，务必实现规定的节水目标。相关各级节水管理部门要做到责任明确、分工细致、机构健全、组织细密，以便保证各部门及社会各行业能够在政府监督、规划下推进节水工作。首先，要对规划的制度建设内容和示范工程制定分阶段实施方案，明确各项工作的责任主体、负责人、实施进度；其次，制定相关的实施方案和管理办法，确定各阶段建设目标和奖惩办法；最后，分阶段对规划实施情况进行考核评估，保障规划的落实。

第五，科技方面。要充分利用节水方面的技术进步，促进产品的更新换代和工艺的不断改进。要根据节水政策限制水耗高、污染大的项目，逐步淘汰不符合节水标准的设备和产品。加强节水管理科学化建设，培养一批有较高管理水平和业务水平的技术人员，促进相关技术的应用推广。

第六，经济方面。充分利用价格杠杆制订合适的水价，并征收适量的污水处理费以促使各用水单位及个人节约用水。随着节水建设的深入进行，污水处理费可以逐渐提高到对成本能够进行较高补偿直至微利的水平。同时，加大财政支持，逐步提高各级政府预算中节水投资的比重，使节水型社会建设投入与财政收入呈同步增长趋势。为了惩罚水资源浪费的行为，可以对相关单位征收较高水费，对那些有权自行打井取水的单位应该征收比公共供水更高的水费，以防止对地下水的过度利用。各地区还应该根据本地水资源的丰富与否制定不同水价，水资源贫乏地区的水费应该高于水资源丰富的地区。

3.2.2 生态环境子系统分析

生态环境系统是水资源系统和经济社会系统持续发展的重要保障和基础。一方面，水资源的可持续利用可以保证生态环境系统的良性循环，同时也要依赖于经济社会的可持续发展；另一方面，生态环境也对水资源系统产生影响，从而对经济社会系统也会产生进一步的影响。

水是所有生物的结构组成和生命活动的主要物质基础。水深刻地影响着生态系统中的一系列物理过程、化学过程和生物过程，只有保证了生态系统对水的需求，生态系统才能维持动态平衡和健康发展，从而为人类提供最大限度的生态效益、社会效益和经济效益。由于水在整个生态环境中的重要性，在水资源配置的过程中必须重视生态环境系统。水对生态环境有着明显的制约作用，生态环境建设对水资源起着保护作用的同时，也要消耗一定的水量。广义上的生态环境用水涵盖维系全球生态系统的水分平衡所需的水，其中水热、水沙、水盐平衡等所需的水也都算作生态环境用水。而狭义上的生态环境用水一般是指为维护生态环境不再恶化并逐渐改善所需消耗的水资源总量。

生态环境系统已经成为制约我国经济社会系统发展的重要因素之一，人们也开始逐渐意识到生态环境治理的重要性。水体污染主要是指人类在生活和生产活动的过程中直接或间接地把污染物排放到河流、湖泊、海洋或地下水等水体中，如工业废水、生活污水、农田排水、工业废渣和城市垃圾等。因此，要不断依靠科技进步开发污水处理的新技术、新措施和新途径，大力推广现有新工艺，从而提高工业废水达标排放率和城市生活污水处理率。

3.2.3 经济社会子系统分析

经济社会系统是水资源系统可持续利用和生态环境系统良性循环的重要保障。一方面，经济社会系统的持续发展不仅需要水资源的可持续利用作为基础，而且还需要生态环境的良性循环作为保障；另一方面，经济社会系统的状况也会对水资源系统和生态环境系统产生一定的影响。

（1）经济社会活动的划分。

以经济社会的活动与自然界的关系来划分，经济社会活动包括第一产业、第二产业和第三产业这三大类型。由于同一产业不同行业的用水定额存在较大差异，因此需要对用水量大的产业进一步细分。三次产业的划分范围如表3－1所示。

表3－1　三次产业的划分范围

三次产业	具体含义
第一产业	第一产业是指农、林、牧、渔业

续表

三次产业	具体含义
第二产业	第二产业是指采矿业，制造业，电力、燃气及水的生产和供应业，建筑业
第三产业	第三产业是指除第一、第二产业以外的其他行业。第三产业包括：交通运输、仓储和邮政业，信息传输、计算机服务和软件业，批发和零售业，住宿和餐饮业，金融业，房地产业，租赁和商务服务业，科学研究、技术服务和地质勘查业，水利、环境和公共设施管理业，居民服务和其他服务业，教育，卫生、社会保障和社会福利业，文化、体育和娱乐业，公共管理和社会组织，国际组织

（2）产业需水的特点。

第一，产业用水有先后缓急。在三种产业中分配水资源的时候必须注意应该优先保证农业灌溉用水，然后再向第二、第三产业供水；同一个产业内部的用水也应该有所区别，如第一产业内，应该先保证粮食作物的灌溉用水，然后才能考虑经济作物的用水。

第二，用水定额差别较大。不同产业之间及同一产业内不同领域对水资源的需求存在巨大差异，因此给它们规定的水资源量也有显著不同。有些用水户虽然属于相同经济领域，但其产业规模、技术水平分属不同层次，用水意识也各有差异，因此给它们规定的水资源量可能也有较大区别。

第三，水资源量决定产业结构。各地区可资利用的水资源总量对本地的经济发展意义重大，因为它在很大程度上制约着本地经济系统的结构。所以，水资源总量严重不足的地区需要改变本地经济系统的结构，以便对有限的水资源进行公平、合理的分配。

3.3 节水型社会评价子系统主要影响因素分析

节水型社会评价系统是由水资源系统、生态环境系统以及经济社会系统相互耦合形成的一个有机整体，三者之间存在着不间断的物质循环、能量流动及信息传递。在构建节水型社会建设评价指标体系时，要充分考虑水资源子系统、生态环境子系统、经济社会子系统的影响因素。

3.3.1 水资源子系统主要影响因素分析

水资源子系统是节水型社会评价系统的核心，对水资源子系统进行评价实质上是对节水效率进行评价，主要通过综合节水评价、农业节水评价、工业节水评价、生活节水评价和节水管理评价5个方面来体现。

3.3.1.1 综合节水

综合节水评价需要在宏观的层面上借助那些能够反映系统间协调程度的指标，主要通过万元GDP用水量、万元GDP用水量下降率、人均用水量、水资源开发利用率、水资源可采比、水资源缺水率、单方节水投资等指标来反映节水的综合情况。万元GDP用水量是指每产生一万元GDP增加值的用水量，反映了某地区的综合节水水平。人均用水量是指地区评价年每人的平均综合用水量，反映了某地区的综合用水水平，该指标与某一地区的生产规模、工业状况、性质、地理位置、水文状况、水资源丰富程度及气象等因素有关。万元GDP用水量下降率是指地区评价期内万元GDP用水量年平均下降率，反映了某地区宏观上的节水能力。水资源开发利用率是指地区用水量在水资源总量中所占比例，反映了某地区水资源开发利用的程度。水资源可采比是指可开采的水资源量占水资源总量的百分比，反映了水资源的可开采程度。水资源缺水率是指缺水量占需水量的百分比，反映了水资源的缺水程度。单方节水投资是指每节约一立方米水的资金投入，反映了节水的资金投入程度（见表3－2）。

表3－2 综合节水评价指标

综合节水（C_1）	万元GDP用水量（X_1）
	万元GDP用水量下降率（X_2）
	人均用水量（X_3）
	水资源开发利用率（X_4）
	水资源可采比（X_5）
	水资源缺水率（X_6）
	单方节水投资（X_7）

3.3.1.2 农业节水

农业用水以灌溉用水为主。农业节水评价主要通过单方水粮食产量、农田灌溉亩均用水量、节水灌溉工程面积率、灌溉水利用系数、主要农作物用水定额、单方农业节水投资等指标来体现。单方水粮食产量是指每立方米用水量的粮食产量，反映了农业节水的水平。农田灌溉亩均用水量是指每亩实际灌溉面积上的用水量，反映了农业节水的效率。节水灌溉工程面积率是指节水灌溉工程面积与有效灌溉面积之比，反映了节水灌溉的发展水平。灌溉水利用系数是指作物生长实际需水量占灌溉用水量的比例，反映了农田灌溉用水的有效利用程度。主要农作物用水定额是指主要农作物的实际亩均用水量，反映了农业的用水程度。单方农业节水投资是指每节约一立方米农业用水的资金投入，反映了农业节水的资金投入程度（见表3－3）。

表3－3　农业节水评价指标

农业节水（C_2）	单方水粮食产量（X_8）
	农田灌溉亩均用水量（X_9）
	灌溉水利用系数（X_{10}）
	节水灌溉工程面积率（X_{11}）
	主要农作物用水定额（X_{12}）
	单方农业节水投资（X_{13}）

3.3.1.3 工业节水

工业结构是最主要的影响因素，不同行业的用水需求存在着较大的差异。工业节水评价主要通过工业用水重复利用率、万元工业产值用水量、工业废水处理回用率、主要工业产品用水定额、单方工业节水投资等指标来体现。工业用水重复利用率是指重复利用的工业用水量与工业用水总量之比，反映了工业用水的重复利用程度。万元工业产值用水量是指地区评价年工业每产生一万元增加值的用水量，反映了工业节水的效率。工业废水处理回用率是指工业废水处理后回用量占工业废水处理总量的百分比，既反映了对环境的影响，又反映了工业节水水平，是环境与工业节水的直观反映。主要工业产品用水定额是指主要工业产品的实际用水定额，反映了工业的用水程度。单方工业节水投资是指每节约一立方米工业用水的资金投入，反映了工业节水的资金投入程度（见表3-4）。

表3-4　工业节水评价指标

工业节水（C_3）	万元工业产值用水量（X_{14}）
	工业用水重复利用率（X_{15}）
	工业废水处理回用率（X_{16}）
	主要工业产品用水定额（X_{17}）
	单方工业节水投资（X_{18}）

3.3.1.4　生活节水

生活用水包括城、乡居民生活用水。它的评价主要通过城、乡居民的人均生活用水量、供水管网漏损率、节水器具普及率、生活污水处理回用率、单方生活节水投资等指标来体现。城镇居民人均生活用水量是指地区评价年城镇居民生活用水量与城镇居民总人口数和365天的乘积的比值，农村居民人均生活用水量是指地区评价年农村居民生活用水量与农村居民总人口数和365天的乘积的比值，这两个指标反映了地区人口的节水状况和节水意识。供水管网漏损率是指管网漏损的水量与供水总量之比，反映地区的节水水平和供水状况。节水器具普及率是指居民生活和第三产业使用节水器具数与总用水器具数之比，反映地区人口的节水意识和实行情况。生活污水处理回用率是指生活污水处理后回用量占生活污水处理总量的百分比，既反映了对环境的影响，又反映了生活节水水平，是环境与生活节水的综合反映。单方生活节水投资是指每节约一立方米生活用水的资金投入，反映了生活节水的资金投入程度（见表3-5）。

表3-5　生活节水评价指标

生活节水（C_4）	城镇居民人均生活用水量（X_{19}）
	农村居民人均生活用水量（X_{20}）
	供水管网漏损率（X_{21}）

续表

生活节水（C_4）	节水器具普及率（X_{22}）
	生活污水处理回用率（X_{23}）
	单方生活节水投资（X_{24}）

3.3.1.5 节水管理

节水型社会建设具有重大的经济及社会价值，它涉及生产、生活等多个领域。因此，国家各级行政机构以及社会各界必须通力合作，共同努力，从宏观调控和微观管理两个方面同时入手，才能够保证其顺利进行。节水管理评价主要通过管理体制与管理机构、节水型建设规划、促进节水防污的水价机制、节水投入保障、节水宣传等定性指标来体现，综合反映节水的管理水平（见表3-6）。

表3-6　　节水管理评价指标

节水管理（C_5）	管理体制与管理机构（X_{25}）
	节水型建设规划（X_{26}）
	促进节水防污的水价机制（X_{27}）
	节水投入保障（X_{28}）
	节水宣传（X_{29}）

3.3.2 生态环境子系统主要影响因素分析

对生态环境系统进行评价实质上是对生态水平进行评价，主要通过生态建设评价和生态治理评价两方面来体现。

3.3.2.1 生态建设

生态建设水平主要通过水功能区达标率、水土保持率、森林覆盖率、建成区绿化覆盖率、生态用水比例、生态用水定额、地下水水质Ⅲ类以上比例等指标来体现。水功能区达标率是指地表水水功能区达标个数占水功能区总个数的百分比，反映了水环境的状况以及水质的达标程度。水土保持率是指一定时期内水土保持面积与同期土地总面积的百分比，反映了生态建设的效益和水平。森林覆盖率是指一个国家或地区森林面积占土地总面积的百分比，反映生态的平衡状况与森林资源的丰富程度。建成区绿化覆盖率是指建成区绿化覆盖面积占城市建成区面积的百分比，反映了城镇建成区生态的平衡状况。生态用水比例是指维持生态系统水分平衡所需要的水量占总用水量的百分比，反映了生态平衡对水资源的需求程度。生态用水定额是指生态环境的实际用水定额，反映了生态环境的用水程度。地下水水质Ⅲ类以上比例是指地下水水质Ⅲ类以上的水面积与地下水评价面积的百分比，反映了地下水的水质状况（见表3－7）。

表3－7　　生态建设评价指标

生态建设（C_6）	水功能区水质达标率（X_{30}）
	水土保持率（X_{31}）
	森林覆盖率（X_{32}）
	建成区绿化覆盖率（X_{33}）
	生态用水比例（X_{34}）
	生态用水定额（X_{35}）
	地下水水质Ⅲ类以上比例（X_{36}）

3.3.2.2　生态治理

生态治理水平主要通过工业废水达标排放率、城市生活污水处理率等指标来体现。工业废水达标排放率是指工业废水的达标排放量占工业废水排放总量的百分比。城市生活污水处理率是指经处理的城市生活污水量占城市生活污水总量的百分比。这两个指标反映了生态治理的水平以及对环境的影响（见表3－8）。

表3－8　　生态治理评价指标

生态治理（C_7）	工业废水达标排放率（X_{37}）
	城市生活污水处理率（X_{38}）

3.3.3 经济社会子系统主要影响因素分析

对经济社会系统进行评价实质上是对经济发展水平进行评价，主要通过人均 GDP、人均收入、GDP 增长率、第一产业增加值比重等指标来体现。人均 GDP 是指地区评价年 GDP 与总人口数的比值，反映了地区整体经济状况。GDP 增长率是指当年 GDP 与前一年 GDP 相比的增长率，反映了经济发展的速度。第一产业增加值比重是指第一产业产值增加值占总产值增加值的比重，反映了第一产业增加值与自然资源节约情况（见表 3－9）。

表 3－9　　经济发展评价指标

经济发展（C_8）	人均 GDP（X_{39}）
	人均收入（X_{40}）
	GDP 增长率（X_{41}）
	第一产业增加值比重（X_{42}）

3.4 节水型社会建设评价指标体系的初步设计

节水型社会建设评价指标体系应能反映工、农业和生活节水的水平，生态建设和治理的水平，经济社会的发展状况以及水资源、生态环境、经济社会之间的协调发展状况。本书采用频度统计法和理论分析法相结合来初步设计节水型社会建设评价指标体系，以保证指标的可操作性。频度统计法要求对国内外相关的研究成果进行频度统计，据此找出使用频繁的指标；理论分析法则要求对节水型社会建设的各个方面，如必要构成、实质、衡量标准等进行研究和对照，进而选出那些能够直观反映节水型社会建设水平的指标。

在对节水型社会建设评价指标体系进行初步构建时，要严格遵循评价指标体系设计的指导思想和原则，通过对国内外相关文献资料的研究和借鉴，以及参考《节水型社会建设评价指标体系（试行）》，在全面综合分析水资源子系统、生态环境子系统、经济社会子系统以及各子系统主要影响因素的基础上，本书研究将节水型社会评价分为水资源系统评价、生态环境系统评价、经济社会系统评价。水资源系统评价反映了工、农业和生活节水、综合节水以及节水管理的水平，因而构成了节水型社会评价的核心部分；生态环境系统评价则反映了节水建设过程中生态建设以及生态治理的水平；经济社会系统评价反映了在节水发展过程中经济发展的水平；三者相互联系和作用，共同构成节水型社会建设评价指标体系。具体来说，节水型社会建设评价指标体系包括目标层、准则层、要素层和指标层四个层次。目标层包括总目标（A）——节水型社会建设综合评价；准则层（B）包括水资源系统评价、生态环境系统评价以及经济社会系统评价三个分项指标；要素层（C）由农业节水、工业节水、生活节水、综合节水、节水管理、生态治理、生态建设以及经济发展这八个方面构成；指标层一共有42项指标，集中反映了节水型社会评价系统中各个主要的影响因素。这些指标分别反映了综合节水的7个评价指标——万元GDP用水量（X_1）、万元GDP用水量下降率（X_2）、人均用水量（X_3）、水资源开发利用率（X_4）、水资源可采比（X_5）、水资源缺水率（X_6）、单方节水投资（X_7）；反映了农业节水的6个评价指标——单方水粮食产量（X_8）、农田灌溉亩均用水量（X_9）、灌溉水利用系数（X_{10}）、节水灌溉工程面积率（X_{11}）、主要农作物用水定额（X_{12}）、单方农业节水投资（X_{13}）；反映了工业节水的5个评价指标——万元工业产值用水量（X_{14}）、工业用水重复利用率（X_{15}）、工业废水处理回用率（X_{16}）、主要工业产品用水定额（X_{17}）、单方工业节水投资（X_{18}）；反映了生活节水的6个评价指标——城镇居民人均生活用水量（X_{19}）、农村居民人均生活用水量（X_{20}）、供水管网漏损率（X_{21}）、节水器具普及率（X_{22}）、生活污水处理回用率（X_{23}）、单方生活节水投资（X_{24}）；反映了节水管理的5个评价指标——管理体制与管理机构（X_{25}）、节水型建设规划（X_{26}）、促进节水防污的水价机制（X_{27}）、节水投入保障（X_{28}）、节水宣传（X_{29}）；反映了生态建设的7个评价指标——水功能区水质达标率（X_{30}）、水土保持率（X_{31}）、森林覆盖率（X_{32}）、建成区绿化覆盖率（X_{33}）、生态用水比例（X_{34}）、生态用水定额（X_{35}）、地下水水质Ⅲ类以上比例（X_{36}）；反映了生态治理的2个评价指标——工业废水达标排放率（X_{37}）、城市生活污水处理率（X_{38}）；反映了经济发展的4个评价指标——人均GDP（X_{39}）、人均收入（X_{40}）、GDP 增长率（X_{41}）、第一产业增加值比重（X_{42}）。

初步节水型社会建设评价指标体系如表 3 – 10 所示。

表 3 – 10　　初步节水型社会建设评价指标体系

<table>
<tr><td rowspan="27">节水型社会建设水平综合评价（A）</td><td rowspan="27">水资源系统（B_1）</td><td rowspan="7">综合节水（C_1）</td><td>万元 GDP 用水量（X_1）</td></tr>
<tr><td>万元 GDP 用水量下降率（X_2）</td></tr>
<tr><td>人均用水量（X_3）</td></tr>
<tr><td>水资源开发利用率（X_4）</td></tr>
<tr><td>水资源可采比（X_5）</td></tr>
<tr><td>水资源缺水率（X_6）</td></tr>
<tr><td>单方节水投资（X_7）</td></tr>
<tr><td rowspan="6">农业节水（C_2）</td><td>单方水粮食产量（X_8）</td></tr>
<tr><td>农田灌溉亩均用水量（X_9）</td></tr>
<tr><td>灌溉水利用系数（X_{10}）</td></tr>
<tr><td>节水灌溉工程面积率（X_{11}）</td></tr>
<tr><td>主要农作物用水定额（X_{12}）</td></tr>
<tr><td>单方农业节水投资（X_{13}）</td></tr>
<tr><td rowspan="5">工业节水（C_3）</td><td>万元工业产值用水量（X_{14}）</td></tr>
<tr><td>工业用水重复利用率（X_{15}）</td></tr>
<tr><td>工业废水处理回用率（X_{16}）</td></tr>
<tr><td>主要工业产品用水定额（X_{17}）</td></tr>
<tr><td>单方工业节水投资（X_{18}）</td></tr>
<tr><td rowspan="6">生活节水（C_4）</td><td>城镇居民人均生活用水量（X_{19}）</td></tr>
<tr><td>农村居民人均生活用水量（X_{20}）</td></tr>
<tr><td>供水管网漏损率（X_{21}）</td></tr>
<tr><td>节水器具普及率（X_{22}）</td></tr>
<tr><td>生活污水处理回用率（X_{23}）</td></tr>
<tr><td>单方生活节水投资（X_{24}）</td></tr>
<tr><td rowspan="3">节水管理（C_5）</td><td>管理体制与管理机构（X_{25}）</td></tr>
<tr><td>节水型建设规划（X_{26}）</td></tr>
<tr><td>促进节水防污的水价机制（X_{27}）</td></tr>
</table>

续表

节水型社会建设水平综合评价（A）	水资源系统（B_1）	节水管理（C_5）	节水投入保障（X_{28}）
			节水宣传（X_{29}）
	生态环境系统（B_2）	生态建设（C_6）	水功能区水质达标率（X_{30}）
			水土保持率（X_{31}）
			森林覆盖率（X_{32}）
			建成区绿化覆盖率（X_{33}）
			生态用水比例（X_{34}）
			生态用水定额（X_{35}）
			地下水水质Ⅲ类以上比例（X_{36}）
		生态治理（C_7）	工业废水达标排放率（X_{37}）
			城市生活污水处理率（X_{38}）
	经济社会系统（B_3）	经济发展（C_8）	人均GDP（X_{39}）
			人均收入（X_{40}）
			GDP增长率（X_{41}）
			第一产业增加值比重（X_{42}）

3.5 节水型社会建设评价指标体系的确定

3.5.1 节水型社会建设评价指标体系的最终确定

前一节已经初步设计了节水型社会建设评价指标体系，现在需要对初选指标进行进一步筛选。指标筛选是对初选指标的进一步选择，它是确定后续指标权重及多属性评价决策的前提和基础。节水型社会评价涉及多个地区、多种行业及多个部门层面，鉴于此，本书从评价的目的和原则出发，充分考虑评价指标可行性、稳定性和必要性，同时深入分析评价指标与评价方法的协调性，从中筛选出最具代表性的指标，作为赋权和评价的依据。在实际应用中，评价指标的筛选通常采用专家调研法（Delphi）、最小均方差法、极小极大离差法、相关系数法等。本书采用专家调研法对初选指标进行筛选，这是一种通过书面咨询向有关专家获取信息的方式，是在通过频度统计法和理论分析法初步提出节水型社会建设评价指标的基础上，进一步征询有关专家意见，进而对指标进行综合调整。同时，为了保证评价指标数据的准确性及可参考性，应尽可能地从我国统计制度存在的或者通过计算可以获取的数据资料中选取，把从现有的统计中无法获取数据的指标以及获取数据所需成本过高的指标删除，经过以上的研究工作后，最终确定了28项评价指标。它们分别是反映了综合节水的3个评价指标——万元GDP用水量（D_1）、万元GDP用水量下降率（D_2）、人均用水量（D_3）；反映了农业节水的4个评价指标——单方水粮食产量（D_4）、农田灌溉亩均用水量（D_5）、灌溉水利用系数（D_6）、节水灌溉工程面积率（D_7）；反映了工业节水的3个评价指标——万元工业产值用水量（D_8）、工业用水重复利用率（D_9）、工业废水处理回用率（D_{10}）；反映了生活节水的4个评价指标——城镇居民人均生活用水量（D_{11}）、农村居民人均生活用水量（D_{12}）、供水管网漏损率（D_{13}）、节水器具普及率（D_{14}）；反映了节水管理的5个评价指标——管理体制与管理机构（D_{15}）、节水型建设规划（D_{16}）、促进节水防污的水价机制（D_{17}）、节水投入保障（D_{18}）、节水宣传（D_{19}）；反映了生态建设的4个评价指标——水功能区水质达标率（D_{20}）、森林覆盖率（D_{21}）、建成区绿化覆盖率（D_{22}）、生态用水比例（D_{23}）；反映了生态治理的2个评价指标——工业废水达标排放率（D_{24}）、城市生活污水处理率（D_{25}）；反映了经济发展的3个评价指标——人均GDP（D_{26}）、GDP增长率（D_{27}）、第一产业增加值比重（D_{28}）。

最终的节水型社会建设评价指标体系如表3-11所示。

表3-11　节水型社会建设评价指标体系

目标层	准则层	要素层	指标层	单位
节水型社会建设水平综合评价（A）	水资源系统（B_1）	综合节水（C_1）	万元GDP用水量（D_1）	立方米/万元
			万元GDP用水量下降率（D_2）	%
			人均用水量（D_3）	立方米/人

续表

目标层	准则层	要素层	指标层	单位
节水型社会建设水平综合评价（A）	水资源系统（B_1）	农业节水（C_2）	单方水粮食产量（D_4）	千克/立方米
			农田灌溉亩均用水量（D_5）	立方米/亩
			灌溉水利用系数（D_6）	无
			节水灌溉工程面积率（D_7）	%
		工业节水（C_3）	万元工业产值用水量（D_8）	立方米/万元
			工业用水重复利用率（D_9）	%
			工业废水处理回用率（D_{10}）	%
		生活节水（C_4）	城镇居民人均生活用水量（D_{11}）	升/人·日
			农村居民人均生活用水量（D_{12}）	升/人·日
			供水管网漏损率（D_{13}）	%
			节水器具普及率（D_{14}）	%
		节水管理（C_5）	管理体制与管理机构（D_{15}）	定性分析
			节水型建设规划（D_{16}）	
			促进节水防污的水价机制（D_{17}）	
			节水投入保障（D_{18}）	
			节水宣传（D_{19}）	
	生态环境系统（B_2）	生态建设（C_6）	水功能区水质达标率（D_{20}）	%
			森林覆盖率（D_{21}）	%
			建成区绿化覆盖率（D_{22}）	%
			生态用水比例（D_{23}）	%
		生态治理（C_7）	工业废水达标排放率（D_{24}）	%
			城市生活污水处理率（D_{25}）	%
	经济社会系统（B_3）	经济发展（C_8）	人均 GDP（D_{26}）	万元/人
			GDP 增长率（D_{27}）	%
			第一产业增加值比重（D_{28}）	%

3.5.2　构建节水型社会建设综合评价层次结构图

节水型社会建设综合评价层次结构如图 3－1 所示。

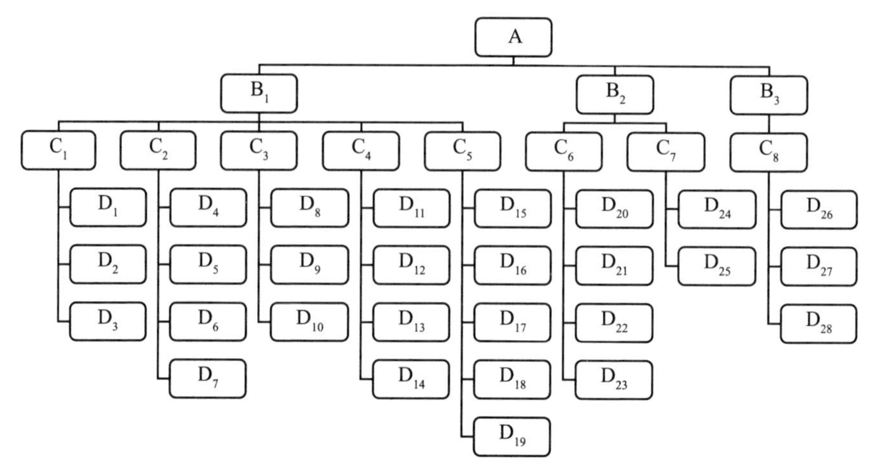

图 3－1　节水型社会建设综合评价层次结构

其中：

A——节水型社会建设综合评价指标体系

B_1——水资源子系统评价

B_2——生态环境子系统评价

B_3——经济社会子系统评价

C_1——综合节水评价

C_2——农业节水评价

C_3——工业节水评价

C_4——生活节水评价

C_5——节水管理评价

C_6——生态建设评价

C_7——生态治理评价

C_8——经济发展评价

D_1——万元 GDP 用水量（立方米/万元）

D_2——万元 GDP 用水量下降率（%）

D_3——人均用水量（立方米/人）

D_4——单方水粮食产量（千克/立方米）

D_5——农田灌溉亩均用水量（立方米/亩）

D_6——灌溉水利用系数

D_7——节水灌溉工程面积率（%）

D_8——万元工业产值用水量（立方米/万元）

D_9——工业用水重复利用率（%）

D_{10}——工业废水处理回用率（%）

D_{11}——城镇居民人均生活用水量（升/人·日）

D_{12}——农村居民人均生活用水量（升/人·日）

D_{13}——供水管网漏损率（%）

D_{14}——节水器具普及率（%）

D_{15}——管理体制与管理机构

D_{16}——节水型建设规划

D_{17}——促进节水防污的水价机制

D_{18}——节水投入保障

D_{19}——节水宣传

D_{20}——水功能区水质达标率（%）

D_{21}——森林覆盖率（%）

D_{22}——建成区绿化覆盖率（%）

D_{23}——生态用水比例（%）

D_{24}——工业废水达标排放率（%）

D_{25}——城市生活污水处理率（%）

D_{26}——人均 GDP（万元/人）

D_{27}——GDP 增长率（%）

D_{28}——第一产业增加值比重（%）

根据节水社会综合评价层次结构图，可以清晰地看出评价的层次以及各层次所包含的评价指标。

3.5.3 评价指标体系中各项指标的含义及算式

节水型社会建设评价指标体系中各项指标的含义及算式如表 3－12 所示。

表 3－12　　各项指标的含义及算式

评价指标	含义	算式
万元 GDP 用水量（立方米/万元）（D_1）	指每产生一万元 GDP 增加值的用水量	地区总用水量/GDP
万元 GDP 用水量下降率（%）（D_2）	指地区评价期内万元 GDP 用水量年平均下降率	用平均法计算
人均用水量（立方米/人）（D_3）	指地区评价年每人的平均综合用水量	评价年综合用水总量/评价年总人口数
单方水粮食产量（千克/立方米）（D_4）	指每一立方米用水量的粮食产量	粮食总产量/用水总量
农田灌溉亩均用水量（立方米/亩）（D_5）	指每一亩实际灌溉面积上的用水量	实际灌溉水量/实际灌溉面积
灌溉水利用系数（D_6）	指灌溉农作物生长实际需水量占灌溉用水量的比例	灌溉农作物生长实际需水量/灌溉用水量
节水灌溉工程面积率（%）（D_7）	指节水灌溉工程面积与有效灌溉面积之比	（节水灌溉工程面积/有效灌溉面积）×100%
万元工业产值用水量（立方米/万元）（D_8）	指地区评价年工业每产生一万元增加值的用水量	评价年工业用水总量/评价年工业增加值
工业用水重复利用率（%）（D_9）	指重复利用的工业用水量与工业用水总量之比	（重复利用的工业用水量/工业用水总量）×100%
工业废水处理回用率（%）（D_{10}）	指工业废水处理后回用量占工业废水处理总量的百分比	（工业废水处理后回用量/工业废水处理总量）×100%
城镇居民人均生活用水量（升/人·日）（D_{11}）	指地区评价年城镇居民生活用水量与城镇居民总人口数和 365 天的乘积的比值	城镇居民综合生活用水总量/（城镇总人口数×365）
农村居民人均生活用水量（升/人·日）（D_{12}）	指地区评价年农村居民生活用水量与农村居民总人口数和 365 天的乘积的比值	农村居民综合生活用水总量/（农村总人口数×365）
供水管网漏损率（%）（D_{13}）	指管网漏损的水量与供水总量之比	（供水总量－有效供水总量）/供水总量×100%
节水器具普及率（%）（D_{14}）	指居民生活和第三产业使用节水器具数与总用水器具数之比	（居民生活和第三产业使用节水器具数/总用水器具数）×100%

续表

评价指标	含义	算式
管理体制与管理机构（D_{15}）	定性分析	
节水型建设规划（D_{16}）		
促进节水防污的水价机制（D_{17}）		
节水投入保障（D_{18}）		
节水宣传（D_{19}）		
水功能区水质达标率（%）（D_{20}）	指地表水水功能区达标个数占水功能区总个数的百分比	（水功能区达标个数/水功能区总个数）×100%
森林覆盖率（%）（D_{21}）	指一个国家或地区森林面积占土地总面积的百分比	（地区森林面积/地区土地总面积）×100%
建成区绿化覆盖率（%）（D_{22}）	指建成区绿化覆盖面积占城市建成区面积的百分比	（建成区绿化覆盖面积/城市建成区面积）×100%
生态用水比例（%）（D_{23}）	指维持生态系统水分平衡所需要的水量占总用水量的百分比	（生态用水量/总用水量）×100%
工业废水达标排放率（%）（D_{24}）	指工业废水的达标排放量占工业废水排放总量的百分比	（达标排放的工业废水量/工业废水排放总量）×100%
城市生活污水处理率（%）（D_{25}）	指经处理的城市生活污水量占城市生活污水总量的百分比	（城市处理的生活污水量/城市生活污水总量）×100%
人均GDP（万元/人）（D_{26}）	指地区评价年GDP与总人口数的比值	评价年GDP/与总人口数
GDP增长率（%）（D_{27}）	指当年GDP与前一年GDP相比的增长率	（当年GDP－前一年GDP）/前一年GDP×100%
第一产业增加值比重（%）（D_{28}）	指第一产业产值增加值占总产值增加值的百分比	（第一产业产值增加值/总产值增加值）×100%

3.6 本章小结

（1）本章基于节水型社会是水资源、生态环境、经济社会协调发展的这一认识，构建了由水资源系统、生态环境系统及经济社会系统相互耦合形成的节水型社会评价系统。同时，在遵循节水型社会评价指标体系指导思想和设计原则的基础上，通过对各子系统及其影响因素进行分析，采用频度统计法和理论分析法相结合来初步设计节水型社会建设评价指标体系共计42项评价指标，并运用专家调研法对初选指标进行了筛选，最终构建了由水资源子系统、生态建设子系统和经济社会子系统构成的节水型社会建设评价指标体系。

（2）节水型社会建设评价指标体系由“目标层”“准则层”“要素层”“指标层”四个层次构成，它包括农业节水、工业节水、生活节水、综合节水、节水管理、生态建设、生态治理和经济发展8个评价要素，共涵盖了28项评价指标。在设计评价指标体系的过程中，全部采用了普遍认可的指标，具有一定的权威性。

第 4 章

我国节水型社会建设综合评价方法研究

4.1 指标权重确定方法

指标权重反映了各评价指标针对某一目标的相对重要程度，是一种主观评价和客观反映的综合体现。评价指标权重的确定是综合评价的一个核心环节，其赋值是否科学合理，对评价结果起着至关重要的作用。因此，确定指标权重必须做到科学客观，这就要求采用合适的权重确定方法。目前国内外关于评价指标权重的确定方法大致可分为三大类：第一类为主观赋权法，第二类为客观赋权法，第三类为综合集成赋权法。主观赋权法是依靠专家的主观判断和经验来确定权重，主要有集值迭代法、特征值法、G_1 - 法、G_2 - 法等。客观赋权法是根据指标原始数据之间的关系来确定权重，主要有均方差法、极差法、变异系数法、熵值法、主成分分析法等。

4.1.1 主观赋权法

4.1.1.1 集值迭代法

集值迭代法是一种主观赋予指标权重的方法，具体步骤如下。

设评价指标集为 $X = \{x_1, x_2, \cdots, x_n\}$，并选取 $L(L \geqslant 1)$ 位专家，分

别让每一位专家，如第 $k(1\leqslant k\leqslant L)$ 位专家，首先，在评价指标集 X 中选取他认为最重要的 g_k 个指标，得子集 $X_{1k}=\{x_{1k,1}, x_{1k,2}, \cdots, x_{1k,g_k}\}$；其次，在 X 中选取他认为最重要的 $2g_k$ 个指标，得子集 $X_{2k}=\{x_{2k,1}, x_{2k,2}, \cdots, x_{2k,2g_k}\}$；最后，以此类推，在 X 中选取他认为最重要的 s_kg_k 个指标，得子集 $X_{s_kk}=\{x_{s_kk,1}, x_{s_kk,2}, \cdots, x_{s_kk,s_kg_k}\}$。若自然数 s_k 满足 $s_kg_k+r_k=m(0\leqslant r_k<1)$，则第 k 位专家在指标集 X 中得到 s_k 个子集。

计算函数 $g(x_j)=\sum_{k=1}^{L}\sum_{i=1}^{s_k}u_{ik}(x_j)$, $j=1,2,\cdots,n$。

其中，$u_{ik}(x_j)=\begin{cases}1, & 若\ x_j\in X_{ik}\\ 0, & 若\ x_j\notin X_{ik}\end{cases}$ $(i=1, 2, \cdots, s_k; k=1, 2, \cdots, L)$

将 $g(x_j)$ 归一化后即可得到评价指标 x_j 的权重：$w_j=\dfrac{g(x_j)}{\sum_{j=1}^{n}g(x_j)}$, $j=1, 2, \cdots, n$。

当每位专家的初值 g_k 选得较小时，指标权重 w_j 就较符合实际，但是步骤较多、计算量较大。

4.1.1.2 特征值法

特征值法是一种定性与定量分析相结合的赋权法，其基本思想是针对某个评价目标，将评价指标的重要性程度作两两比较后获得判断矩阵，再求出矩阵的特征值与相对应的特征向量，并对其进行归一化处理后即可得到各评价指标的权重值。具体步骤如下。

（1）建立判断矩阵。

判断矩阵表示针对某个评价目标，各评价指标之间相对重要性程度的比较。为了对专家的主观判断进行客观量化，需要根据一定的比率标度将决策判断定量化。一般可以采用 1~9 标度法，其具体含义如表 4-1 所示。

表 4-1　　1~9 标度参考

标度	含义
1	表示两者具有同等重要性

续表

标度	含义
3	表示前者比后者稍微重要
5	表示前者比后者明显重要
7	表示前者比后者非常重要
9	表示前者比后者极端重要
2，4，6，8	表示相邻判断的中值
倒数	若指标 x_j 与 x_k 比较的判断为 r_{jk}，则 x_k 与 x_j 比较的判断为 $1/r_{jk}$

（2）确定各评价指标权重值。

计算判断矩阵A的最大特征根 λ_{max} 及其对应的特征向量W，一般对其精确度要求不高，可采用方根法来计算。

①计算判断矩阵每一行元素的乘积 M_j：$M_j = \prod_{k=1}^{n} r_{jk}(j = 1, 2, \cdots, n)$。

②计算 M_j 的n次方根：$\overline{w}_j = \sqrt[n]{M_j}$。

③对向量 $\overline{W} = [\overline{w}_1, \overline{w}_2, \cdots, \overline{w}_n]^T$ 归一化处理：$w_j = \dfrac{\overline{w}_j}{\sum_{j=1}^{n} \overline{w}_j}$。

则 $W = [w_1, w_2, \cdots, w_n]^T$ 为所求的特征向量，即各评价指标的权重值。

④计算判断矩阵的最大特征根 λ_{max}：$\lambda_{max} = \dfrac{1}{n}\sum_{j=1}^{n}\dfrac{(AW)_j}{w_j}$。

（3）对判断矩阵进行一致性检验。

①确定一致性指标CI（consistency index）：$CI = \dfrac{\lambda_{max} - n}{n - 1}$。

②确定随机一致性比率CR（consistency ratio）：$CR = \dfrac{CI}{RI}$。

其中，RI（random index）为判断矩阵的平均随机一致性指标值（见表4-2）。当 $CR < 0.1$ 时，则判断矩阵具有一致性；而 $CR \geq 0.1$ 时，则需对判断矩阵进行修正。

表 4-2　　RI 值参考

1	2	3	4	5	6	7	8	9
0	0	0.58	0.90	1.12	1.24	1.32	1.41	1.45

当评价指标的个数 n 较大时，特征值法的计算量较大，仅构造判断矩阵就需进行 $n(n-1)/2$ 次的两两元素的比较判断，并且当 $n>9$ 时会给专家两两比较判断带来困难，无法保证专家判断的准确性。

4.1.1.3　G_1－法

序关系分析法（G_1－法）是先对评价指标进行定性排序，再对相邻指标进行重要性比值的理性判断，最后进行定量计算的主观赋权法，具体步骤如下。

（1）确定序关系。

对于评价指标集 $B=\{B_1, B_2, \cdots, B_j, \cdots, B_n\}(j=1, 2, \cdots, n)$，决策者先针对某个评价准则，在指标集中选出认为是最重要的一个且只有一个指标，记为 B_1^*；接着在余下的 $n-1$ 个指标中，选出认为是最重要的一个且只有一个指标，记为 B_2^*；…；然后在余下的 $n-(k-1)$ 个指标中，选出认为是最重要的一个且只有一个指标，记为 B_k^*；…；经过 $n-1$ 次选择后剩下的评价指标记为 B_n^*。这样就确定了一个序关系：$B_1^*>B_2^*>\cdots>B_{k-2}^*>B_{k-1}^*>B_k^*>\cdots>B_n^*$。

（2）对 B_{k-1}^* 与 B_k^* 间相对重要程度进行比较判断。

设决策者关于评价指标 B_{k-1}^* 与 B_k^* 之间重要性程度之比 w_{k-1}^*/w_k^* 的比较判断分别为：$f_k=\frac{w_{k-1}^*}{w_k^*}(k=n, n-1, \cdots, 3, 2)$。

很明显，当 n 较大时，$f_n=1$。

f_k 的赋值如表 4-3 所示。

表4-3　f_k 赋值参考

f_k	含义
1.0	表示两者具有同等重要性
1.2	表示前者比后者稍微重要
1.4	表示前者比后者明显重要
1.6	表示前者比后者强烈重要
1.8	表示前者比后者极端重要
1.1、1.3、1.5、1.7	相邻判断1.0~1.2、1.2~1.4、1.4~1.6、1.6~1.8的中值

(3) 权重系数的确定。

很显然 $w_{k-2}^* > w_k^*$，又因为 $w_{k-1}^* > 0$，所以$\frac{w_{k-2}^*}{w_{k-1}^*} > \frac{w_k^*}{w_{k-1}^*}$，因此 $f_{k-1} > \frac{1}{f_k}$。

因为 $\prod_{j=k}^{n} f_j = \frac{w_{k-1}^*}{w_k^*} \times \frac{w_k^*}{w_{k+1}^*} \times \frac{w_{k+1}^*}{w_{k+2}^*} \times \cdots \times \frac{w_{n-2}^*}{w_{n-1}^*} \times \frac{w_{n-1}^*}{w_n^*} = \frac{w_{k-1}^*}{w_n^*}$，对k从2到n求和：$\sum_{k=2}^{n}(\prod_{j=k}^{n} f_j) = \sum_{k=2}^{n} \frac{w_{k-1}^*}{w_n^*} = \frac{1}{w_n^*}(w_1^* + w_2^* + \cdots w_{n-1}^*) = \frac{1}{w_n^*}(\sum_{k=1}^{n} w_k^* - w_n^*)$；又因为 $\sum_{k=1}^{n} w_k^* = 1$，所以 $\sum_{k=2}^{n}(\prod_{j=k}^{n} f_j) = \frac{1}{w_n^*}(1 - w_n^*) = \frac{1}{w_n^*} - 1$，因此，$w_n^* = [1 + \sum_{k=2}^{n}(\prod_{j=k}^{n} f_j)]^{-1}$。

根据 $f_k = \frac{w_{k-1}^*}{w_k^*}$ $(k = n, n-1, \cdots, 3, 2)$ 可得到：$w_{k-1}^* = f_k w_k^*$ $(k = n, n-1, \cdots, 3, 2)$。故根据 $w_n^* = [1 + \sum_{k=2}^{n}(\prod_{j=k}^{n} f_j)]^{-1}$ 和 $w_{k-1}^* = f_k w_k^*$ $(k = n, n-1, \cdots, 3, 2)$ 可求得评价指标集 $B = \{B_1, B_2, \cdots, B_j, \cdots, B_n\}$ $(j = 1, 2, \cdots, n)$ 的权重向量：$W = (w_1, w_2, \cdots, w_n)^T$。

G_1-法不用构造判断矩阵，更无须一致性检验，并且计算量小、简便直观、便于应用，对指标的个数也没有限制。

4.1.1.4　G_2-法

唯一参照物比较判断法（G_2-法）是决策者先选出他认为是最不重要

的一个且只有一个指标，再把其余指标与该指标进行重要性比值的理性判断，最后进行定量计算的主观赋权法。

假设评价指标集 $B=\{B_1, B_2, \cdots, B_j, \cdots, B_n\}(j=1, 2, \cdots, n)$ 的权重向量为 $W=(w_1, w_2, \cdots, w_n)$，决策者先在该指标集中选出他认为是最不重要的一个且只有一个指标 B_k，再把其余指标与 B_k 进行重要性比值的理性判断，其赋值 b_j 如表 4-4 所示。

表 4-4　b_j 赋值参考

b_j	说明
1	表示两者具有同等重要性
3	表示前者比后者稍微重要
5	表示前者比后者明显重要
7	表示前者比后者强烈重要
9	表示前者比后者极端重要
2，4，6，8	表示上述两相邻判断的中值

显然，$b_j=\frac{w_j}{w_k}>0$，$b_k=1$，$\sum_{j=1}^{n} w_j=1(0\leqslant w_j\leqslant 1)$，则 $w_j=w_k\times b_j$，$\sum_{j=1}^{n} w_j=w_k\times(b_1+b_2+\cdots+b_n)=1$，$w_k=\frac{1}{\sum_{j=1}^{n} b_j}=\frac{b_k}{\sum_{j=1}^{n} b_j}$。

所以 $w_j=\frac{b_j}{\sum_{j=1}^{n} b_j}(j=1, 2, \cdots, n)$。

4.1.2　客观赋权法

4.1.2.1　均方差法

取权重系数为：

$$w_j=\frac{s_j}{\sum_{k=1}^{m} s_k}, j=1, 2, \cdots, n$$

其中，$s_j = \sqrt{\frac{1}{n}\sum_{i=1}^{n}(x_{ij} - \bar{x}_j)^2}$，$j = 1, 2, \cdots, n$。

$\bar{x}_j = \frac{1}{n}\sum_{i=1}^{n} x_{ij}$，$j = 1, 2, \cdots, n$。

4.1.2.2 极差法

取权重系数为：

$$w_j = \frac{r_j}{\sum_{k=1}^{n} r_k}, \quad j = 1, 2, \cdots, n$$

其中，$r_j = \max\limits_{\substack{i, k=1, \cdots, m \\ i \neq k}} \{ |x_{ij} - x_{k,j}| \}$，$j=1, 2, \cdots, n$。

4.1.2.3 变异系数法

取权重系数为：

$$w_j = \frac{V_j}{\sum_{k=1}^{n} V_k}, \quad j = 1, 2, \cdots, n$$

其中，V_j 为各评价指标的变异系数：$V_j = \frac{\sigma_j}{\bar{x}_j}$。

$\sigma_j = \sqrt{\frac{1}{n}\sum_{i=1}^{n}(x_{ij} - \bar{x}_j)^2}$，$j = 1, 2, \cdots, n$，$\bar{x}_j = \frac{1}{n}\sum_{i=1}^{n} x_{ij}$，$j = 1, 2, \cdots, n$。

4.1.2.4 熵值法

熵值法是先对各项指标的观测值进行分析，然后根据它们反映信息的丰富程度来确定指标权重。设 x_{ij}（$i=1, 2, \cdots, m$；$j=1, 2, \cdots, n$）为第 i 个评价对象的第 j 个评价指标值，对于给定的 j，x_{ij}的差异越大，则意味着该指标对评价对象的作用就越大，所包含和传递的信息就越多，其熵值也就越小。具体步骤如下。

（1）计算第 i 个评价对象的特征比重值（针对第 j 个指标）：

$$p_{ij} = \frac{x_{ij}}{\sum_{i=1}^{m} x_{ij}}$$

这里假定 $x_{ij} \geqslant 0$，且 $\sum_{i=1}^{m} x_{ij} > 0$ 。

（2）计算第 j 个指标的熵值：

$$e_j = -k \sum_{i=1}^{m} p_{ij} \ln p_{ij}$$

其中，$k > 0$，$e_j > 0$。

（3）计算第 j 个指标的差异性系数：

$$g_j = 1 - e_j$$

（4）确定指标权重：

$$w_j = \frac{g_j}{\sum_{j=1}^{n} g_j}$$

4.1.2.5 主成分分析法

主成分分析法是用损失少量信息来换取减少变量的一种方法，其权重的计算方法如下。

（1）对原始指标数据进行标准化处理。

假定有 n 个样本，p 维随机向量为 $x = (x_1, x_2, \cdots, x_p)^T$，则 $x_i = (x_{i1}, x_{i2}, \cdots, x_{ip})^T$，其中 $i = 1, 2, \cdots, n$，$n > p$，构造样本矩阵并对其进行标准化处理，得到标准化矩阵 Z。

这里采用 Z-score 法，即：

$$z_{ij} = (x_{ij} - \bar{x}_j)/s_j (i = 1, 2, \cdots, n; j = 1, 2, \cdots, p)$$

其中，$\bar{x}_j = (\sum_{i=1}^{n} x_{ij})/n$，$s_j^2 = [(\sum_{i=1}^{n} x_{ij} - \bar{x}_j)^2]/(n-1)$ 。

（2）对标准化矩阵 Z 求相关系数矩阵 R。

$$R = [r_{ij}]_{p \times p} = \frac{Z^T Z}{n-1}$$

其中 $r_{ij} = \frac{\sum_{j=1}^{p} z_{ik} \cdot z_{kj}}{n-1}$，$i, j = 1, 2, \cdots, p$。

（3）求相关系数矩阵 R 的特征值和特征向量。

求解 $|R-\lambda I_p|=0$ 可得 p 个特征值 $\lambda_1 \geqslant \lambda_2 \geqslant \cdots \geqslant \lambda_p$。按 $\frac{\sum_{j=1}^{m}\lambda_j}{\sum_{j=1}^{p}\lambda_j} \geqslant 0.85$ 确定 m 的值，对每个 $\lambda_j (j=1, 2, \cdots, m)$，解方程组 $Rb=\lambda_j b$，可得单位特征向量 b_j^o。

（4）确定主成分和权重。

$$U_{ij}=z_i^T b_j^o (j=1, 2, \cdots, m)$$

U_1 称为第一主成分，U_2 称为第二主成分，…，U_p 称为第 p 主成分。权重为每个主成分的方差贡献率，即 $w_j = \frac{\lambda_j}{\sum_{j=1}^{p}\lambda_j}$。

主成分分析方法可以消除评价指标间的相互影响，但是该方法对数据的依赖性较大，并且对数据质量要求较高。

4.1.3 综合集成赋权法

运用主观赋权法确定权重，虽然反映了决策者的主观判断，但决策或评价结果可能受到决策者知识经验缺乏的影响；客观赋权法确定的权重虽然有较强的数学理论依据，但是没有考虑决策者的主观信息，而此信息有时是非常重要的，并且针对同一个评价指标体系，不同样本采用同一种赋权法确定的权重是不同的，因此这两种方法都存在一定的局限性。对于经济管理中综合评价问题来说，往往需要指标权重能够同时体现主、客观信息。综合集成赋权法包括加法集成法和乘法集成法。

4.1.3.1 加法集成法

假设 p_j 和 q_j 分别为主观赋权法和客观赋权确定的第 j 项评价指标的权重值，则加法集成法的权重为：

$$w_j = k_1 p_j + k_2 q_j, \quad j=1, 2, \cdots, n$$

其中，k_1 和 k_2 为待定常数，满足 $k_1+k_2=1$ 或 $k_1^2+k_2^2=1$，其值可由评价者

的偏好信息来确定。

4.1.3.2 乘法集成法

假设 p_j 和 q_j 分别为主观赋权法和客观赋权确定的第 j 项评价指标的权重值，则乘法集成法的权重为：$w_j = \frac{p_j \cdot q_j}{\sum_{j=1}^{n} p_j \cdot q_j}, j = 1,2,\cdots,n$。

4.2 综合评价方法研究

4.2.1 层次分析法

层次分析法（AHP）是美国著名的运筹学家萨蒂（T. L. Satty，1978，1986，1987）等人提出的一种决策方法。它将定性分析与定量分析相结合，把复杂问题所包含的影响因素按隶属关系形成递阶层次结构，通过专家咨询用两两比较的方法构造判断矩阵，计算出各因素针对上一层次目标的相对权重，并以此为基准，计算出各决策方案相对总目标的排序。具体步骤如下。

1. 明确问题，建立层次分析结构

通过对系统的深刻认识，将复杂问题所包含的影响因素划分为目标层、准则层、方案层等层次，用层次结构图的形式说明元素的相互关系及其隶属关系。最高层（目标层）一般是解决问题所要达到的目的，主要指总目标；中间层（准则层）主要指构成目标的不同因素或属性；最低层（方案层）表示可供选择的各种评价对象或者评价方案。

2. 构造判断矩阵

根据层次结构图，即可由专家对各层次中因素的相对重要性进行比较判断，构造出判断矩阵，以求出权重。为了对专家的主观判断进行客观量化，需要根据一定的比率标度将决策判断定量化，然后把标度转化为判断矩阵，一般可以采用 1 ~9 标度法，具体可参考 4.1.1.2 节中的表 4 – 1。

3. 层次单排序及一致性检验

构造出判断矩阵后，即可对各判断矩阵进行单排序计算。层次单排序是指某一层次的元素对于其上一层次相对重要性的排序权值，一般可采用迭代法来求其近似值。为了对判断矩阵进行一致性检验，需要先确定一致性指标（consistency index，CI），然后确定随机一致性比率（consistency ratio，CR）：CR = CI/RI。其中，RI（random index）为判断矩阵的平均随机一致性指标值，具体可参考4.1.1.2节中的表4-2。当 $CR < 0.1$ 时，则判断矩阵具有一致性；而 $CR \geq 0.1$ 时，则需对判断矩阵进行修正。

4. 层次总排序

上面得到一组元素相对于其上一层次某元素的相对权重向量，现在即可进行层次总排序计算。它是指从上到下逐层计算，最终得到各备选方案相对于总目标的排序权值。

4.2.2 模糊综合评判法

模糊综合评判法是利用模糊集理论进行评价的一种方法，它是应用模糊关系合成的原理，从多个因素对被评对象隶属等级状况进行综合性评判的一种方法。具体步骤如下。

（1）确定评价指标集和评价等级集。

假设 $X = \{X_1, X_2, \cdots, X_m\}$ 为评价对象集，m 为评价对象的个数；假设 $U = \{U_1, U_2, \cdots, U_n\}$ 为评价指标集，n 为评价指标的个数；假设 $V = \{V_1, V_2, \cdots, V_h\}$ 为评价等级集，h 为评语的个数，一般为奇数。

（2）构造评判矩阵。

首先对评价指标集 U 中的第 j 个评价指标 $U_j(j = 1, 2, \cdots, n)$ 作单指标评判，针对评价指标 U_j，评价对象 $X_i(i = 1, 2, \cdots, m)$ 对评价等级 $V_k(k = 1, 2, \cdots, h)$ 的隶属度为 r_{ijk}，这样即可得到评价对象 X_i 的第 j 个评价指标 U_j 的单指标评判集：$r_{ij} = \{r_{ij1}, r_{ij2}, \cdots, r_{ijh}\}(j = 1, 2, \cdots, n)$。这样 n 个评价指标的评判集就构造出针对评价对象 $X_i(i = 1, 2, \cdots, m)$ 的评价矩阵 R_i：

$$R_i = (r_{ijk})_{n\times h} = \begin{bmatrix} r_{i11} & r_{i12} & \cdots & r_{i1h} \\ r_{i21} & r_{i22} & \cdots & r_{i2h} \\ \vdots & \vdots & \ddots & \vdots \\ r_{in1} & r_{in2} & \cdots & r_{inh} \end{bmatrix}$$

r_{ijk}表示针对评价对象 $X_i(i=1, 2, \cdots, m)$，第 j 个评价指标 U_j 在第 k 个评语 V_k 上的频率分布，一般应满足以下两个条件：

①$0 \leqslant r_{ijk} \leqslant 1$；

② $\sum_{k=1}^{h} r_{ijk} = 1(j = 1, 2, \cdots, n)$ 。

（3）确定模糊综合评判模型。

评价矩阵 R_i 中各行向量反映了从各评价指标来看，评价对象 $X_i(i=1, 2, \cdots, m)$ 对各评价等级的隶属程度。假定各评价指标的权重向量为 $W = \{w_1, w_2, \cdots, w_n\}$，将权重向量 W 分别与各行向量进行综合，即可得到该评价对象 X_i 对各评价等级的综合隶属程度。

假设该综合隶属程度向量 $B_i = (b_{i1}, b_{i2}, \cdots, b_{ih})$，则 $B_i = W * R_i$。即：

$$B_i = (w_1, w_2, \cdots w_n) \times \begin{bmatrix} r_{i11} & r_{i12} & \cdots & r_{i1h} \\ r_{i21} & r_{i22} & \cdots & r_{i2h} \\ \vdots & \vdots & \ddots & \vdots \\ r_{in1} & r_{in2} & \cdots & r_{inh} \end{bmatrix} = (b_{i1}, b_{i2}, \cdots b_{ih})$$

如果 $\sum_{k=1}^{h} b_{ik} \neq 1$ ，则应对其进行归一化处理。b_k 表示被评价对象 X_i 具有评语 V_k 的程度，通常选择最大的 b_k 所对应的等级 V_k 作为综合评判的结果。为了充分利用 B 所带来的信息，假设对应各个评价等级 V_k 的参数列向量为 $C = (c_1, c_2, \cdots c_h)^T$，则得到综合评判结果 $d_i = B_i \times C = (b_{i1}, b_{i2}, \cdots b_{ih}) \times (c_1, c_2, \cdots c_h)^T$。$d_i(i=1, 2, \cdots, m)$ 是一个实数，将 d_i 的值从大到小进行排序，即可得到各评价对象的优劣排序。

4.2.3 数据包络分析法

数据包络分析法（DEA）是著名的运筹学家查恩斯（A. Charnes）和库

珀（W. W. Copper）等学者通过建立数学规划模型，根据多指标投入和产出计算出相同类型单位的相对效率，并对其进行优劣排序的一种评价方法。

最常用的DEA模型是C^2R模型。假设有m个$DMU_i(i=1,2,\cdots,m)$，每个DMU_i有p种类型的输入和q种类型的输出，则DMU_i对应的输入和输出向量分别为$x_i=(x_{1i},x_{2i},\cdots,x_{si},\cdots,x_{pi})^T$，$y_i=(y_{1i},y_{2i},\cdots,y_{ti},\cdots,y_{qi})^T$，其中，$x_{si}>0(s=1,2,\cdots p)$，$y_{ti}>0(t=1,2,\cdots q)$。假定输入和输出权重向量分别为$v=(v_1,v_2,\cdots,v_s,\cdots,v_p)^T$，$u=(u_1,u_2,\cdots,u_t,\cdots,u_q)^T$。现在对第$i_0$个决策单元进行效率评价，则第$i_0$个决策单元的$C^2R$模型可表示如下。

$$\max h_{i_0}=\frac{\sum_{t=1}^{q}u_t y_{ti_0}}{\sum_{s=1}^{p}v_s x_{si_0}}$$

$$\text{s. t. } \frac{\sum_{t=1}^{q}u_t y_{ti}}{\sum_{s=1}^{p}v_s x_{si}}\leqslant 1 \qquad i=1,2,\cdots,m$$

$$v=(v_1,v_2,\cdots,v_s,\cdots,v_p)^T\geqslant 0$$

$$u=(u_1,u_2,\cdots,u_t,\cdots,u_q)^T\geqslant 0$$

使用Charnes－Cooper变化后，可得到如下线性规划模型。

$$\max h_{i_0}=\sum_{t=1}^{q}u'_t y_{ti_0}$$

$$\text{s. t. } \sum_{s=1}^{p}v'_s x_{si}-\sum_{t=1}^{q}u'_t y_{ti}\geqslant 0$$

$$\sum_{s=1}^{p}v'_s x_{si_0}=1$$

$$v'=(v'_1,v'_2,\cdots,v'_s,\cdots,v'_p)^T\geqslant 0$$

$$u'=(u'_1,u'_2,\cdots,u'_t,\cdots,v'_q)^T\geqslant 0$$

若$h^*_{i_0}=1$，则称决策单元DMU_{i_0}为弱DEA有效；若线性规划的解中存在$u^*>0$，$v^*>0$，并且$h^*_{i_0}=1$，则称决策单元DMU_{i_0}为DEA有效。

4.2.4 人工神经网络法

人工神经网络（ANN）通过模拟人脑智能化处理过程，建立能够充分学习和积累经验知识的数学模型，使输出结果与实际值的偏差达到容许误差水平，从而求取问题的解。

4.2.4.1 神经网络模型的构建

反向传播（back propagation，BP）神经网络是由哈特（Rumelhart）等学者于1985年提出一种多层次反馈型网络模型，是目前应用最广泛的人工神经网络模型之一。BP网络由输入层、隐含层和输出层组成，相邻层的各神经元之间实现全连接，而每层各神经元之间无连接，这里采用一种具有多输入单输出的三层BP神经网络模型。其基本原理是将经标准化处理后的各指标值作为网络的输入，将评价结果作为网络的输出，在对多个样本进行训练后，通过不断调整权值和阈值，使其不断完善，这样所得到的权值和阈值便是网络经过自适应学习的结果，经过了样本学习和检验的网络模型再根据待评对象的各指标值，即可得出各待评对象的综合评价结果，从而对各待评对象进行优劣排序。其拓扑结构如图4-1所示：

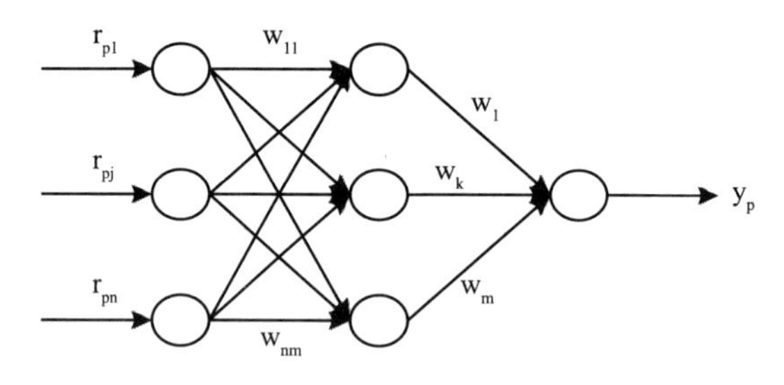

图4-1 拓扑结构

图4-1中，输入层节点数为n，即评价指标的个数；输出层节点数为1，即评价结果；隐含层节点数为m，可参考经验公式 $m=\sqrt{n+n_0}+b$ 计算。其中，n_0 为输出节点数，很显然 $n_0=1$，b为1~10之间的常数。假定

有 h 个样本，$R_p=(r_{p1},\cdots,r_{pj},\cdots,r_{pn})(p=1,2,\cdots,h)$ 为评价指标集 $B=\{B_1,\cdots,B_j,\cdots,B_n\}$ 上第 p 个样本的评价指标值向量，则 h 个样本构成矩阵 $R=(R_1,\cdots,R_p,\cdots,R_h)^T=(r_{pj})_{h\times n}$，$w_{jk}(j=1,2,\cdots,n;k=1,2,\cdots,m)$ 为输入层第 j 个节点到隐含层第 k 个节点的连接权值，y_{pk}为第 p 个样本的隐含层第 k 个节点的输出，w_k 为隐含层第 k 个节点到输出层的连接权值，y_p 为第 p 个样本的输出。

每个节点都对应着一个作用函数 f(x) 和阈值，对于输入层节点，其输出与输入相同，即 $f(x)=x$ 且阈值为 0，而对于隐含层和输出层节点，其作用函数通常选用 Sigmoid 函数，即 $f(x)=1/(1+e^{-x})$。假定 θ_k 为隐含层第 k 个节点的阈值，θ 为输出层输出节点的阈值，则 $y_{pk}=f(\sum_{j=1}^{n}w_{jk}r_{pj}-\theta_k)$，$y_p=f(\sum_{k=1}^{m}w_k y_{pk}-\theta)$。

4.2.4.2　动量 BP 算法（MOBP）

BP 算法是一种监督式的学习算法，其基本思想是：输入学习样本，将输入信息从输入层经隐含层传向输出层，如果误差没有达到容许水平，则转入反向传播，通过调整各层节点之间的连接权值和阈值，反复迭代，使实际输出与期望输出尽可能地接近，当误差达到容许水平时训练完成，保存网络的权值和阈值。设 d_p 为期望输出，t 为迭代次数，$y_p(t)$ 为第 p 个样本第 t 次迭代的实际输出，$E_p(t)$ 为第 p 个样本第 t 次迭代的误差性能函数，E(t) 为第 t 次迭代的总误差性能函数，这里定义：

$$E(t)=\sum_{p=1}^{h}E_p(t)=\sum_{p=1}^{h}[y_p(t)-d_p]^2/2$$

一般的 BP 算法存在一些不足，如收敛速度慢、容易陷入局部极小、学习过程经常发生振荡等。为了克服其不足，出现了许多改进算法，如动量 BP 算法、弹性算法、变梯度算法、拟牛顿算法、LM 算法等。这里采用动量 BP 算法，在 MATLAB7.0 神经网络工具箱中，其训练函数为 traingdm。它是在梯度下降算法的基础上引入动量因子 $\beta(0<\beta<1)$，利用其惯性效应来抑制可能产生的振荡，起到了平滑的作用。同时，动量因子的作用在于记忆前一时刻连接权值或阈值的变化，这样就可以采用较大的学习速率 η 来提高

学习的速度。

动量 BP 算法的连接权值和阈值的修正公式如下：

$$z(t+1)=z(t)+\eta g(t)+\beta[z(t)-z(t-1)]$$

其中，$z(t)$ 表示第 t 次迭代各层之间的连接权值或阈值，η 为学习速率 $(0<\eta<1)$，$g(t)=\frac{\partial E(t)}{\partial z(t)}$表示第 t 次迭代的误差对各连接权值或阈值的偏导数。

（1）对于输出层（输出节点数为 1）：

$$w_k(t+1)=w_k(t)+\eta\sum_{p=1}^{h}\delta_p y_{pk}+\beta[w_k(t)-w_k(t-1)]$$

$$\theta(t+1)=\theta(t)+\eta\sum_{p=1}^{h}\delta_p+\beta[\theta(t)-\theta(t-1)]$$

（2）对于隐含层：

$$w_{jk}(t+1)=w_{jk}(t)+\eta\sum_{p=1}^{h}\delta_{pk}r_{pj}+\beta[w_{jk}(t)-w_{jk}(t-1)]$$

$$\theta_k(t+1)=\theta_k(t)+\eta\sum_{p=1}^{h}\delta_{pk}+\beta[\theta_k(t)-\theta_k(t-1)]$$

其中，δ_p 为输出层反向传递的 delta 误差，$\delta_p=(d_p-y_p)y_p(1-y_p)$；$\delta_{pk}$为隐含层反向传递的 delta 误差，$\delta_{pk}=\delta_p w_k y_{pk}(1-y_{pk})$。

4.2.5 投影寻踪法

投影寻踪分类模型是一种对高维数据进行分析处理的统计方法，其基本思想是把高维数据通过某种组合投影到低维子空间上，寻找出能反映高维数据结构特征的最优投影方向，具体步骤如下。

4.2.5.1 评价指标值的规范化处理

假定有 m 个样本 $A_i(i=1, 2, \cdots, m)$，n 个评价指标 $B_j(j=1, 2, \cdots, n)$，x_{ij}为第 i 个样本的第 j 个评价指标值。设原始指标值矩阵为：

$$X=\begin{bmatrix}X_1\\X_2\\\vdots\\X_m\end{bmatrix}=\begin{bmatrix}x_{11}&x_{12}&\cdots&x_{1n}\\x_{21}&x_{22}&\cdots&x_{2n}\\\vdots&\vdots&&\vdots\\x_{m1}&x_{m2}&\cdots&x_{mn}\end{bmatrix}$$

这里采用极值处理法对矩阵 X 进行规范化处理。

设 $M_j=\max(x_{1j},\ x_{2j},\ \cdots,\ x_{mj})$，$m_j=\min(x_{1j},\ x_{2j},\ \cdots,\ x_{mj})$

对于极小型指标：$x_{ij}^*=\dfrac{M_j-x_{ij}}{M_j-m_j}$

对于极大型指标：$x_{ij}^*=\dfrac{x_{ij}-m_j}{M_j-m_j}$

则可得到规范化矩阵 $X^*=\begin{bmatrix}X_1^*\\X_2^*\\\vdots\\X_m^*\end{bmatrix}=\begin{bmatrix}x_{11}^*&x_{12}^*&\cdots&x_{1n}^*\\x_{21}^*&x_{22}^*&\cdots&x_{2n}^*\\\vdots&\vdots&&\vdots\\x_{m1}^*&x_{m2}^*&\cdots&x_{mn}^*\end{bmatrix}$

4.2.5.2 构造投影指标函数

在这里，PPC 方法就是把样本 A_i 的 n 维数据 $X_i^*=\{x_{i1}^*,\ x_{i2}^*,\ \cdots,\ x_{in}^*\}$ 综合成以单位向量 $g=\{g_1,\ g_2,\ \cdots,\ g_j,\ \cdots,\ g_n\}$ 为投影方向的一维投影值 y_i，即 $y_i=\sum_{j=1}^{n}g_jx_{ij}^*(i=1,2,\cdots,m)$。确定一维投影值 y_i 的关键是找到能够反映高维数据结构特征的最优投影方向 $g^*=\{g_1^*,\ g_2^*,\ \cdots,\ g_j^*,\ \cdots,\ g_n^*\}$，由于投影方向 $g=\{g_1,\ g_2,\ \cdots,\ g_j,\ \cdots,\ g_n\}$ 是多维空间上的单位向量，因此将优化投影方向问题转变为求解有约束的极值问题，即需要构造一个投影指标函数 F(g)，作为优选投影方向的依据。

投影指标函数 F(g) 的形式较多，由于一维投影值的散布特征应为：局部投影点应尽可能密集，最好凝聚成若干个点团，因此可用一维投影值 y_i 的局部密度 D(g) 来描述；而在整体上投影点团之间应尽可能散开，因此可用一维投影值 y_i 的标准差 S(g) 来描述。本书研究用一维投影值 y_i 的局部密度 D(g) 和标准差 S (g) 的乘积来表达，即 $F(g)=D(g)S(g)$。局部密度 D(g) 和标准差 S(g) 的公式如下：

$$S(g) = \left[\sum_{i=1}^{m} (y_i - \bar{y})^2 / (m-1) \right]^{1/2}$$

其中，$\bar{y}$ 为 m 个 $y_i(i=1, 2, \cdots, m)$ 的均值。

$$D(g) = \sum_{i=1}^{m} \sum_{k=1}^{m} (R - r_{ik}) f(R - r_{ik})$$

其中，r_{ik}为样本之间的距离，即样本 A_i 和 A_k 的一维投影值之差的绝对值，$r_{ik} = |y_i - y_k|$；R 为局部密度的窗口半径，一般取值范围为 $r_{max} + n/2 \leq R \leq 2n$[225]；$f(R - r_{ik})$ 为单位阶跃函数，当 $R - r_{ik} \geq 0$ 时，$f(R - r_{ik}) = 1$，当 $R - r_{ik} < 0$ 时，$f(R - r_{ik}) = 0$。

4.2.5.3 优化投影指标函数

当各评价指标值确定时，投影指标函数 F(g) 只随着投影方向 g 的变化而变化，不同的投影方向反映不同的数据结构特征，最优投影方向就是最大可能暴露高维数据某类结构特征的投影方向，因此可以通过求解投影指标函数 F(g) 的最大值来寻找最优投影方向 g^*。

最优投影方向 g^* 反映了各评价指标的重要程度，并且 g^* 是单位向量，满足 $\sum_{j=1}^{n} g_j^{*2} = 1$，因此我们可以将 $W = \{g_1^{*2}, g_2^{*2}, \cdots, g_j^{*2}, \cdots g_n^{*2}\}$ 作为各评价指标的权重。具体的数学规划模型如下：

$$\max F(g)$$

$$\text{s.t.} \sum_{j=1}^{n} g_j^2 = 1$$

4.2.5.4 实码加速遗传算法（RAGA）

上述数学规划模型是一个以 $g = \{g_1, g_2, \cdots, g_j, \cdots, g_n\}$ 为变量的复杂非线性优化问题，用传统的优化方法处理较难，因此本书应用模拟生物优胜劣汰与群体内部染色体信息交换机制的实码加速遗传算法来解决其高维全局寻优问题。传统遗传算法即标准遗传算法存在一些缺点，比如寻优工作量过大、过早局部收敛以及由于遗传运算的随机特征导致的局部搜索能力较差等。为了改进这些缺点，本书采用实码加速遗传算法，使个体编码的长度等于决策变量的个数。具体步骤如下：（1）产生初始种群；（2）计算染色体适应度；（3）计算基于序的评价函数；（4）选择操作；（5）交叉操作；（6）变异操作；（7）进化迭代；（8）加速运算。

4.2.5.5　优劣排序

根据求解上述数学规划模型所得到的最优投影方向 g^* 可计算各评价指标的权重 $W = \{g_1^{*2}, g_2^{*2}, \cdots, g_j^{*2}, \cdots g_n^{*2}\}$，从而得到各样本的综合评价结果：

$$z_i = \sum_{j=1}^{n} g_j^{*2} x_{ij}^*$$

将 z_i 从大到小排序，即可得到各样本的优劣排序。

4.2.6　灰色关联分析法

4.2.6.1　灰色单层次评判模型

假定系统是由 m 个方案和 n 个指标构成的单层次系统，其原始指标值矩阵 X 为：

$$X = \begin{bmatrix} X_1 \\ X_2 \\ \vdots \\ X_m \end{bmatrix} = \begin{bmatrix} x_{11} & x_{12} & \cdots & x_{1n} \\ x_{21} & x_{22} & \cdots & x_{2n} \\ \vdots & \vdots & \ddots & \vdots \\ x_{m1} & x_{m2} & \cdots & x_{mn} \end{bmatrix}$$

（1）确定最优指标集。

设最优指标集 $X_0 = (x_{01}, x_{02}, \cdots, x_{0j}, \cdots x_{0n})$，$x_{0j}$ 为第 j 个指标的最优值。当评价指标为极小型指标时，$x_{0j} = \min(x_{1j}, x_{2j}, \cdots, x_{mj})$；当评价指标为极大型指标时，$x_{0j} = \max(x_{1j}, x_{2j}, \cdots, x_{mj})$。选定最优指标集后，可构造矩阵 D：

$$D = \begin{bmatrix} X_0 \\ X_1 \\ X_2 \\ \vdots \\ X_m \end{bmatrix} = \begin{bmatrix} x_{01} & x_{02} & \cdots & x_{0n} \\ x_{11} & x_{12} & \cdots & x_{1n} \\ x_{21} & x_{22} & \cdots & x_{2n} \\ \vdots & \vdots & & \vdots \\ x_{m1} & x_{m2} & \cdots & x_{mn} \end{bmatrix}$$

（2）指标值的规范化处理。

本书采用极值处理法对矩阵 D 进行规范化处理。

设 $M_j = \max(x_{0j}, x_{1j}, x_{2j}, \cdots, x_{mj})$，$m_j = \min(x_{0j}, x_{1j}, x_{2j}, \cdots, x_{mj})$

对于极小型指标，$x_{ij}^* = \dfrac{M_j - x_{ij}}{M_j - m_j}$

对于极大型指标，$x_{ij}^* = \dfrac{x_{ij} - m_j}{M_j - m_j}$

则可得到规范化矩阵：$H = \begin{bmatrix} X_0^* \\ X_1^* \\ X_2^* \\ \vdots \\ X_m^* \end{bmatrix} = \begin{bmatrix} x_{01}^* & x_{02}^* & \cdots & x_{0n}^* \\ x_{11}^* & x_{12}^* & \cdots & x_{1n}^* \\ x_{21}^* & x_{22}^* & \cdots & x_{2n}^* \\ \vdots & \vdots & & \vdots \\ x_{m1}^* & x_{m2}^* & \cdots & x_{mn}^* \end{bmatrix}$

（3）关联系数的确定。

将 $X_0^* = (x_{01}^*, x_{02}^*, \cdots, x_{0n}^*)$ 作为参考数列，$X_i^* = (x_{i1}^*, x_{i2}^*, \cdots, x_{in}^*)$ 作为被比较数列，根据灰色关联分析法可以求得第 i 个方案的第 j 个指标与第 j 个最优指标的关联系数：$\varepsilon_{ij} = \dfrac{\min\limits_i \min\limits_j |x_{ij}^* - x_{0j}^*| + \rho \max\limits_i \max\limits_j |x_{ij}^* - x_{0j}^*|}{|x_{ij}^* - x_{0j}^*| + \rho \max\limits_i \max\limits_j |x_{ij}^* - x_{0j}^*|}$

由 ε_{ij} 可得关联系数矩阵 E：

$$E = \begin{bmatrix} \varepsilon_{11} & \varepsilon_{12} & \cdots & \varepsilon_{1n} \\ \varepsilon_{21} & \varepsilon_{22} & \cdots & \varepsilon_{2n} \\ \vdots & \vdots & \ddots & \vdots \\ \varepsilon_{m1} & \varepsilon_{m2} & \cdots & \varepsilon_{mn} \end{bmatrix}$$

（4）关联度的确定。

根据关联系数矩阵 E 和指标权重向量 W，可求得单层次系统中各方案的关联度 $r_i (i = 1, 2, \cdots m)$。

$$R = E \times W = \begin{bmatrix} \varepsilon_{11} & \varepsilon_{12} & \cdots & \varepsilon_{1n} \\ \varepsilon_{21} & \varepsilon_{22} & \cdots & \varepsilon_{2n} \\ \vdots & \vdots & \ddots & \vdots \\ \varepsilon_{m1} & \varepsilon_{m2} & \cdots & \varepsilon_{mn} \end{bmatrix} \times \begin{bmatrix} W_1 \\ W_2 \\ \vdots \\ W_n \end{bmatrix} = \begin{bmatrix} r_1 \\ r_2 \\ \vdots \\ r_m \end{bmatrix}$$

4.2.6.2　灰色多层次评判模型

多层次评判模型的建立是以单层次评判模型为基础的，首先按照上述方法求得单层次系统中各方案的关联度，然后将各方案在所有单层次系统中的关联度进行加权求和，即可得到相对目标层 A 而言各方案的关联度。

4.2.7　理想点法

首先，采用极值处理法对评价指标的原始数据进行规范化处理；其次，运用 TOPSIS 方法计算各方案与正理想系统和负理想系统的加权距离；最后，计算 TOPSIS 相对贴近度，实现各方案的排序。

4.2.7.1　矩阵规范化处理

假定系统由 m 个方案和 n 个指标构成，那么 m 个方案的原始指标值构成矩阵 $Y=(y_{hj})_{m\times n}(h=1, 2, \cdots m;\ j=1, 2, \cdots n)$。

$$Y=\begin{bmatrix} Y_1 \\ Y_2 \\ \vdots \\ Y_m \end{bmatrix}=\begin{bmatrix} y_{11} & y_{12} & \cdots & y_{1n} \\ y_{21} & y_{22} & \cdots & y_{2n} \\ \vdots & \vdots & \ddots & \vdots \\ y_{m1} & y_{m2} & \cdots & y_{mn} \end{bmatrix}$$

由于评价指标往往具有不同的量纲和数量级，因此不能直接比较，为了保证结果的可靠性，需要对矩阵 $Y=(y_{hj})_{m\times n}$ 进行规范化处理，得到矩阵 $X=(x_{hj})_{m\times n}$。这里采用极值处理法。

设 $M_j=\max(y_{1j}, y_{2j}, \cdots, y_{mj})$，$m_j=\min(y_{1j}, y_{2j}, \cdots, y_{mj})$

对于成本型指标，$x_{hj}=\dfrac{M_j-y_{hj}}{M_j-m_j}$

对于效益型指标，$x_{hj}=\dfrac{y_{hj}-m_j}{M_j-m_j}$

则可得到规范化矩阵：$X=\begin{bmatrix} X_1 \\ X_2 \\ \vdots \\ X_m \end{bmatrix}=\begin{bmatrix} x_{11} & x_{12} & \cdots & x_{1n} \\ x_{21} & x_{22} & \cdots & x_{2n} \\ \vdots & \vdots & \ddots & \vdots \\ x_{m1} & x_{m2} & \cdots & x_{mn} \end{bmatrix}$

4.2.7.2 计算各方案与正理想系统和负理想系统的加权距离

运用TOPSIS方法计算各方案与正理想系统和负理想系统的加权距离。同时考虑正负两种理想系统，设 $X^* = (x_1^*, x_2^*, \cdots, x_j^*, \cdots x_n^*)$ 为正理想系统，$X^0 = (x_1^0, x_2^0, \cdots, x_j^0, \cdots x_n^0)$ 为负理想系统，则被评价对象 $X_h = (x_{h1}, x_{h2}, \cdots, x_{hj}, \cdots x_{hn})(h = 1, 2, \cdots, m)$ 与正理想系统之间的加权距离为：$y_h^+ = \sqrt{\sum_{j=1}^{n} w_j f(x_{hj}, x_j^*)}$，与负理想系统之间的加权距离为：$y_h^- = \sqrt{\sum_{j=1}^{n} w_j f(x_{hj}, x_j^0)}$。

通常取欧氏加权距离，即：

$$y_h^+ = \sqrt{\sum_{j=1}^{n} w_j^2 (x_{hj} - x_j^*)^2} (h = 1, 2, \cdots, m)$$

$$y_h^- = \sqrt{\sum_{j=1}^{n} w_j^2 (x_{hj} - x_j^0)^2} (h = 1, 2, \cdots, m)$$

4.2.7.3 计算相对贴近度

计算TOPSIS相对贴近度 $z_h = y_h^- / (y_h^- + y_h^+)(h = 1, 2, \cdots, m)$。很明显，$z_h$ 越大，方案越接近正理想系统。

4.2.8 评价方法对比分析

4.2.8.1 各评价方法的优缺点

选择科学合理的评价方法，是保障评价结果准确可靠的基本前提，因此评价方法的设计是科学评价的核心环节。在设计评价方法的过程中，应根据评价对象的属性和特点以及评价活动的实际需要来选择合适的方法，不仅需要深刻理解评价对象的特征和内涵，而且还需要深入分析各项评价方法的优点和缺点。现对层次分析法、模糊综合评判法、数据包络分析法、BP神经网络法、投影寻踪法、灰色关联法以及理想点法进行分析对比，具体如表4-5所示。

表4-5 各评价方法优缺点

	优点	缺点
层次分析法	层次分析法的优点是只需利用较少的定量信息就可以解决以定性判断为主的多目标复杂决策问题，尤其适用于定性与定量分析相结合的情形，具有简洁实用的特点	该方法受人的主观判断和偏好的影响较大，并且当评价指标的个数n较大时，计算量较大，仅构造判断矩阵就要进行$n(n-1)/2$次的两两元素的比较判断，特别是当$n>9$时判断就不准确了，很容易出现前后矛盾的情形
模糊综合评判法	模糊评价法的优点是操作方便、简单实用，能够提供更多的信息，特别适用于以模糊指标为主的多因素和多层次的复杂决策问题	该方法主观性过强，如何确定权重以及选择适当的合成算法还需进一步研究
数据包络分析法	数据包络分析法的优点是排除了人为因素带来的误差，并且无须量纲统一，也无须任何权重假设，而且还可以进一步分析DEA无效的原因以及改进的方向和程度，能够为决策者制定相关政策提供有效的参考和依据	该方法不能反映决策者的偏好、出现多组权重从而使各决策单元之间缺乏可比性，并且该方法只能反映评价对象的相对水平，无法反映实际水平
BP神经网络法	BP神经网络法的优点是运算速度快、具有较高的自组织、自适应和自学习能力及较强的容错功能，特别适用于以非线性关系数据为主的复杂决策问题，不仅避免了评价过程中的人为失误，而且保证了评价结果的准确性	该方法在运算过程中可能出现局部极小的情况，从而导致网络训练失败，并且该方法精度要求不高，同时还需要大量的典型样本，而样本的获取和积累并不容易，因而其应用范围较为有限
投影寻踪法	该方法避免了AHP、模糊综合评判等方法专家赋权的人为干扰，具有很强的客观性。同时该方法与传统方法相比，不必假设任何权重，可以最大限度地保证信息的完整，明晰数据之间的关系，因此稳定性较好	该方法的不足之处在于计算量大，同时对于处理高线性问题效果不好
灰色关联分析法	该方法对样本量的多少没有过多的要求，也不需要典型的分布规律，而且计算量较小	主观性过强，同时部分指标最优值难以确定，不能很好地解决某些实际问题
理想点法	充分反映各评价对象内部的相对接近度，计算方便，具有较好的适用性	不能比较距正理想解和负理想解相等的方案的优劣

4.2.8.2 评价方法的选择

在选择评价方法时，可综合考虑以下三个基本原则（见表4-6）。

表4-6 评价方法选择的基本原则

基本原则	具体内容
1	首先，应分析评价过程可能涉及的层面、因素及这些因素对评价方法的影响，这是评价方法选择的首要原则
2	其次，应根据评价对象的属性和特点，以及评价目的，优先选择权威和普遍认可的评价方法，这是评价方法选择的根本出发点
3	最后，应坚持定性分析与定量分析相结合，坚持实用和可操作性原则，选择科学、合理、简洁的评价方法，这样才能使评价过程更容易进行、更具可操作性，这是科学选择评价方法的重要保证

4.3 基于 G_1 -法和改进 DEA 的节水型社会建设综合评价模型

由于我国节水型社会建设评价方法在理论上缺少系统的研究，因此对节水型社会建设评价方法进行研究，建立科学可行和简单实用的节水型社会建设评价模型具有重要的理论意义和现实意义。目前我国节水型社会建设评价主要是采用层次分析法或模糊综合评判法，但这些方法在运用过程中，人的主观判断、选择、偏好对评价结果的影响极大，这就使得这些方法的主观成分很大。也有学者采用传统的 DEA 模型进行评价，但是该方法无法体现决策者的偏好、并且出现多组权重从而使各决策单元间缺乏可比性等缺陷。针对节水型社会建设现有评价方法的不足，本书提出了一种基于 G_1 - 法和改进 DEA 的节水型社会建设评价模型，通过引入主观偏好系数，采用线性加权的方法，将主观赋权法和客观赋权法相结合，即将 G_1 - 法所确定的指标权重和改进 DEA 法所确定的公共权重结合起来共同确定评价指标的综合权重，并以此为基准，结合综合指数法构建分级综合目标模型，计算出各决策单元的综合评价指数，并通过比较其大小来对各决策单元进行排序分析。

4.3.1 基于 G_1 - 法的指标权重的确定

4.3.1.1 基于 G_1 - 法的指标权重的确定步骤

G_1 - 法是先对评价指标进行定性排序，再对相邻指标进行重要性比值的理性判断，最后进行定量计算的主观赋权法。该方法不用构造判断矩阵，更无须一致性检验，并且计算量小、简便直观、便于应用，对指标的个数也没有限制，具体步骤如下。

（1）确定序关系。

对于评价指标集 $B = \{B_1, B_2, \cdots, B_j, \cdots B_n\}(j = 1, 2, \cdots, n)$，决策者先针对某个评价准则，在指标集中选出认为是最重要的一个且只有一个指标，记为 B_1^*；接着在余下的 $n-1$ 个指标中，选出认为是最重要的一个且只有一个指标，记为 B_2^*；…；然后在余下的 $n-(k-1)$ 个指标中，选出认为是最重要的一个且只有一个指标，记为 B_k^*；…；经过 $n-1$ 次选择后剩下的评价指标记为 B_n^*。这样就确定了一个序关系：$B_1^* > B_2^* > \cdots > B_{k-2}^* > B_{k-1}^* > B_k^* > \cdots > B_n^*$。

（2）对 B_{k-1}^* 与 B_k^* 间相对重要程度进行比较判断。

设决策者关于评价指标 B_{k-1}^* 与 B_k^* 之间重要性程度之比 w_{k-1}^*/w_k^* 的比较判断分别为：

$$f_k = \frac{w_{k-1}^*}{w_k^*}(k = n, n-1, \cdots, 3, 2) \tag{4-1}$$

很明显，当 n 较大时，$f_n = 1$。

f_k 的赋值可参考 4.1.1.3 节中的表 4-3。

（3）权重系数的确定。

很显然 $w_{k-2}^* > w_k^*$，又因为 $w_{k-1}^* > 0$，所以$\frac{w_{k-2}^*}{w_{k-1}^*} > \frac{w_k^*}{w_{k-1}^*}$，因此 $f_{k-1} > \frac{1}{f_k}$。

因为 $\prod_{j=k}^{n} f_j = \frac{w_{k-1}^*}{w_k^*} \times \frac{w_k^*}{w_{k+1}^*} \times \frac{w_{k+1}^*}{w_{k+2}^*} \times \cdots \times \frac{w_{n-2}^*}{w_{n-1}^*} \times \frac{w_{n-1}^*}{w_n^*} = \frac{w_{k-1}^*}{w_n^*}$，对 k 从 2 到 n 求和：$\sum_{k=2}^{n}(\prod_{j=k}^{n} f_j) = \sum_{k=2}^{n} \frac{w_{k-1}^*}{w_n^*} = \frac{1}{w_n^*}(w_1^* + w_2^* + \cdots w_{n-1}^*) = \frac{1}{w_n^*}(\sum_{k=1}^{n} w_k^* -$

w_n^*)；又因为 $\sum_{k=1}^{n} w_k^* = 1$，所以 $\sum_{k=2}^{n}(\prod_{j=k}^{n} f_j) = \frac{1}{w_n^*}(1 - w_n^*) = \frac{1}{w_n^*} - 1$，因此：

$$w_n^* = [1 + \sum_{k=2}^{n}(\prod_{j=k}^{n} f_j)]^{-1} \tag{4-2}$$

根据式（4－31）可得到：

$$w_{k-1}^* = f_k w_k^* (k = n, n-1, \cdots, 3, 2) \tag{4-3}$$

故根据式（4－2）和式（4－3）可求得评价指标集 $B = \{B_1, B_2, \cdots, B_j, \cdots B_n\}(j = 1, 2, \cdots, n)$ 的权重向量：

$$W = (w_1, w_2, \cdots, w_n)^T$$

4.3.1.2 三级评价指标权重的确定方法（针对总目标 A）

（1）二级评价指标权重的确定（针对总目标 A）。

按照上述步骤方法，先求得针对总目标 A，各二级评价指标的权重，即：

$$W_C = (W_{C1}, W_{C2}, W_{C3}, W_{C4}, W_{C5}, W_{C6}, W_{C7}, W_{C8})^T$$

（2）三级评价指标权重的确定（针对其上一层次目标）。

按照上述步骤方法，再求得针对其上一层次目标，各三级评价指标的权重，即：

①针对综合节水评价 C_1，各三级评价指标的权重为：$D_{C1} = (w_{D1}, w_{D2}, w_{D3})^T$；

②针对农业节水评价 C_2，各三级评价指标的权重为：$D_{C2} = (w_{D4}, w_{D5}, w_{D6}, w_{D7})^T$；

③针对工业节水评价 C_3，各三级评价指标的权重为：$D_{C3} = (w_{D8}, w_{D9}, w_{D10})^T$；

④针对生活节水评价 C_4，各三级评价指标的权重为：$D_{C4} = (w_{D11}, w_{D12}, w_{D13}, w_{D14})^T$；

⑤针对节水管理评价 C_5，各三级评价指标的权重为：$D_{C5} = (w_{D15}, w_{D16}, w_{D17}, w_{D18}, w_{D19})^T$；

⑥针对生态建设评价 C_6，各三级评价指标的权重为：$D_{C6} = (w_{D20}, w_{D21}, w_{D22}, w_{D23})^T$；

⑦针对生态治理评价 C_7，各三级评价指标的权重为：$D_{C7} = (w_{D24},$

$w_{D25})^T$;

⑧针对经济发展评价 C_8，各三级评价指标的权重为：$D_{C8}=(w_{D26}, w_{D27}, w_{D28})^T$。

（3）三级评价指标权重的确定（针对总目标A）。

根据上述（1）和（2）所求的结果，即可求出针对总目标A，各三级评价指标的权重，即：

$$W_{Di}=W_{C1}w_{Di}(i=1, 2, 3)$$
$$W_{Di}=W_{C2}w_{Di}(i=4, 5, 6, 7)$$
$$W_{Di}=W_{C3}w_{Di}(i=8, 9, 10)$$
$$W_{Di}=W_{C4}w_{Di}(i=11, 12, 13, 14)$$
$$W_{Di}=W_{C5}w_{Di}(i=15, 16, 17, 18, 19)$$
$$W_{Di}=W_{C6}w_{Di}(i=20, 21, 22, 23)$$
$$W_{Di}=W_{C7}w_{Di}(i=24, 25)$$
$$W_{Di}=W_{C8}w_{Di}(i=26, 27, 28) \tag{4-4}$$

因此，针对总目标A，各三级评价指标的权重为：

$W_D=(W_{D1}, W_{D2}, W_{D3}, W_{D4}, W_{D5}, W_{D6}, W_{D7}, W_{D8}, W_{D9}, W_{D10}, W_{D11}, W_{D12}, W_{D13}, W_{D14}, W_{D15}, W_{D16}, W_{D17}, W_{D18}, W_{D19}, W_{D20}, W_{D21}, W_{D22}, W_{D23}, W_{D24}, W_{D25}, W_{D26}, W_{D27}, W_{D28})^T$

4.3.2 基于改进DEA的公共权重的确定

DEA在处理多输入多输出复杂系统等方面有着很强的优势，但传统的DEA模型只能将决策单元分为有效和非有效两类，无法对有效的决策单元加以区分和排序，并且存在着多组权重从而使各决策单元间缺乏可比性等缺陷。为了改进传统DEA的不足，这里采用一种改进的DEA模型，具体步骤如下。

4.3.2.1 构造最优和最劣虚拟决策单元

假设有m个$DMU_i(i=1, 2, \cdots, m)$，每个DMU_i有p种类型的输入和

q 种类型的输出，则 DMU_i 对应的输入和输出向量分别为 $X_i=(x_{1i}, x_{2i}, \cdots, x_{si}, \cdots, x_{pi})^T$，$Y_i=(y_{1i}, y_{2i}, \cdots, y_{ti}, \cdots, y_{qi})^T$，其中，$x_{si}>0(s=1, 2, \cdots p)$，$y_{ti}>0(t=1, 2, \cdots q)$。假定输入和输出权重向量分别为 $V=(v_1, v_2, \cdots, v_s, \cdots, v_p)^T$，$U=(u_1, u_2, \cdots, u_t, \cdots, u_q)^T$。

构造最优虚拟决策单元 DMU_{m+1} 和最劣虚拟决策单元 DMU_{m+2}。假设最优虚拟决策单元 DMU_{m+1} 的输入和输出向量分别为 $X_{m+1}=(x_{1,m+1}, x_{2,m+1}, \cdots, x_{s,m+1}, \cdots, x_{p,m+1})^T$ 和 $Y_{m+1}=(y_{1,m+1}, y_{2,m+1}, \cdots, y_{t,m+1}, \cdots, y_{q,m+1})^T$，则 $x_{s,m+1}$ 和 $y_{t,m+1}$ 分别取 m 个实际决策单元相应指标的最小值和最大值，即 $x_{s,m+1}=\min(x_{s1}, x_{s2}, \cdots, x_{sm})$，$y_{t,m+1}=\max(y_{t1}, y_{t2}, \cdots, y_{tm})$；假设最劣虚拟决策单元 DMU_{m+2} 的输入和输出向量分别为 $X_{m+2}=(x_{1,m+2}, x_{2,m+2}, \cdots, x_{s,m+2}, \cdots, x_{p,m+2})^T$ 和 $Y_{m+2}=(y_{1,m+2}, y_{2,m+2}, \cdots, y_{t,m+2}, \cdots, y_{q,m+2})^T$，则 $x_{s,m+2}$ 和 $y_{t,m+2}$ 分别取 m 个实际决策单元相应指标值的最大值和最小值，即 $x_{s,m+2}=\max(x_{s1}, x_{s2}, \cdots, x_{sm})$，$y_{t,m+2}=\min(y_{t1}, y_{t2}, \cdots, y_{tm})$。

4.3.2.2 评价指标公共权重的确定

该模型的目标是使最劣虚拟决策单元 DMU_{m+2} 的效率指数最小，同时增加了最优虚拟决策单元 DMU_{m+1} 的效率指数最大这样一个约束条件，即 $h_{m+1}=1(\sum_{s=1}^{p} v_s x_{s,m+1}-\sum_{t=1}^{q} u_t y_{t,m+1}=0)$。也就是说，在满足最优虚拟决策单元 DMU_{m+1} 的效率指数最大的前提下，使最劣虚拟决策单元 DMU_{m+2} 的效率指数最小。它表示在对最优虚拟决策单元 DMU_{m+1} 最有利的无穷多组解中，挑选出使最劣虚拟决策单元 DMU_{m+2} 的效率指数最小的一组解，并以此作为公共权重。该模型具体如下：

$$\min h_{m+2}=\sum_{t=1}^{q} u_t y_{t,m+2}$$

$$s.t. \sum_{s=1}^{p} v_s x_{s,m+2}=1$$

$$\sum_{s=1}^{p} v_s x_{si}-\sum_{t=1}^{q} u_t y_{ti} \geqslant 0(i \neq m+1)$$

$$\sum_{s=1}^{p} v_s x_{s,m+1}-\sum_{t=1}^{q} u_t y_{t,m+1}=0$$

$$V = (v_1, v_2, \cdots, v_s, \cdots, v_p)^T \geqslant 0$$

$$U = (u_1, u_2, \cdots, u_t, \cdots, u_q)^T \geqslant 0 \quad (4-5)$$

这里先采用线性比例法对原始指标值进行无量纲化处理后再进行建模，并对求解上述模型所得到的指标权重值进行归一化处理，最终得到针对总目标 A，各三级评价指标的公共权重 $W^* = (v_1^*, v_2^*, \cdots, v_s^*, \cdots, v_p^*, u_1^*, u_2^*, \cdots, u_t^*, \cdots, v_q^*)^T$。

即 $W_D^* = (W_{D1}^*, W_{D2}^*, W_{D3}^*, W_{D4}^*, W_{D5}^*, W_{D6}^*, W_{D7}^*, W_{D8}^*, W_{D9}^*, W_{D10}^*, W_{D11}^*, W_{D12}^*, W_{D13}^*, W_{D14}^*, W_{D15}^*, W_{D16}^*, W_{D17}^*, W_{D18}^*, W_{D19}^*, W_{D20}^*, W_{D21}^*, W_{D22}^*, W_{D23}^*, W_{D24}^*, W_{D25}^*, W_{D26}^*, W_{D27}^*, W_{D28}^*)^T$。

4.3.3 基于 G_1 - 法和改进 DEA 的综合权重的确定

指标的权重反映了某一指标在指标体系中所起作用的大小，指标的权重也是指标对总目标的贡献程度，可以将其看成是把指标联结为一个整体的量的纽带。指标的权重应是指标评价过程中对其相对重要程度的一种主客观度量的反映。因此，指标的权重也应该是主客观的统一。

G_1 - 法不用构造判断矩阵，更无须一致性检，并且计算量小、简便直观、便于应用，对指标的个数也没有限制，它能够充分体现决策者的偏好和经验水平，但是其缺点是主观性较强；改进 DEA 法避免了传统 DEA 模型多组权重的缺陷，从而使不同的决策单元之间具有统一的评价标准，增强了决策单元之间的可比性，但是，该方法所求得的公共权重过于客观，通常出现不切实际的情况。为了充分体现 G_1 - 法和改进 DEA 法的优点，本书通过引入主观偏好系数 θ，θ∈(0, 1)，采用线性加权的方法将 G_1 - 法所确定的权重 W_D 和改进 DEA 法所确定的公共权重 W_D^* 结合起来共同确定指标的综合权重 R_D[235]。综合使用这两种方法就能够发挥它们各自的优势，弥补彼此的不足，因此可以取得比只采用一种模式的赋权法更好的效果。计算公式如下：

$$R_D = \theta W_D + (1-\theta) W_D^*$$
$$= \theta(W_{D1}, W_{D2}, W_{D3}, W_{D4}, W_{D5}, W_{D6}, W_{D7}, W_{D8}, W_{D9}, W_{D10},$$

$$W_{D11}, W_{D12}, W_{D13}, W_{D14}, W_{D15}, W_{D16}, W_{D17}, W_{D18}, W_{D19}, W_{D20}, W_{D21}, W_{D22}, W_{D23}, W_{D24}, W_{D25}, W_{D26}, W_{D27}, W_{D28})^T$$

$$+(1-\theta)(W_{D1}^*, W_{D2}^*, W_{D3}^*, W_{D4}^*, W_{D5}^*, W_{D6}^*, W_{D7}^*, W_{D8}^*, W_{D9}^*, W_{D10}^*, W_{D11}^*, W_{D12}^*, W_{D13}^*, W_{D14}^*, W_{D15}^*, W_{D16}^*, W_{D17}^*, W_{D18}^*, W_{D19}^*, W_{D20}^*, W_{D21}^*, W_{D22}^*, W_{D23}^*, W_{D24}^*, W_{D25}^*, W_{D26}^*, W_{D27}^*, W_{D28}^*)^T$$

$$=(R_{D1}, R_{D2}, R_{D3}, R_{D4}, R_{D5}, R_{D6}, R_{D7}, R_{D8}, R_{D9}, R_{D10}, R_{D11}, R_{D12}, R_{D13}, R_{D14}, R_{D15}, R_{D16}, R_{D17}, R_{D18}, R_{D19}, R_{D20}, R_{D21}, R_{D22}, R_{D23}, R_{D24}, R_{D25}, R_{D26}, R_{D27}, R_{D28})^T \quad (4-6)$$

因此，针对总目标 A，各三级评价指标的综合权重为：

$$R_D=(R_{D1}, R_{D2}, R_{D3}, R_{D4}, R_{D5}, R_{D6}, R_{D7}, R_{D8}, R_{D9}, R_{D10}, R_{D11}, R_{D12}, R_{D13}, R_{D14}, R_{D15}, R_{D16}, R_{D17}, R_{D18}, R_{D19}, R_{D20}, R_{D21}, R_{D22}, R_{D23}, R_{D24}, R_{D25}, R_{D26}, R_{D27}, R_{D28})^T$$

4.3.4 各级评价指标综合权重的确定（针对其上一层次目标）

4.3.4.1 三级评价指标综合权重的确定（针对其上一层次目标）

在 4.3.3 节中已经求出针对总目标 A，各三级评价指标的综合权重，现在计算针对上一层次目标 C，各三级评价指标的综合权重。

很明显：

$$r_{Di}=\frac{R_{Di}}{\sum_{i=1}^{3}R_{Di}}(i=1, 2, 3)$$

$$r_{Di}=\frac{R_{Di}}{\sum_{i=4}^{7}R_{Di}}(i=4, 5, 6, 7)$$

$$r_{Di}=\frac{R_{Di}}{\sum_{i=8}^{10}R_{Di}}(i=8, 9, 10)$$

$$r_{Di}=\frac{R_{Di}}{\sum_{i=11}^{14}R_{Di}}(i=11, 12, 13, 14)$$

$$r_{Di} = \frac{R_{Di}}{\sum_{i=15}^{19} R_{Di}} (i = 15, 16, 17, 18, 19)$$

$$r_{Di} = \frac{R_{Di}}{\sum_{i=20}^{23} R_{Di}} (i = 20, 21, 22, 23)$$

$$r_{Di} = \frac{R_{Di}}{\sum_{i=24}^{25} R_{Di}} (i = 24, 25)$$

$$r_{Di} = \frac{R_{Di}}{\sum_{i=26}^{28} R_{Di}} (i = 26, 27, 28) \tag{4-7}$$

因此，针对上一层次目标C，各三级评价指标的综合权重为：

（1）针对综合节水评价 C_1，各三级评价指标的综合权重为：$D_{C1}^* = (r_{D1}, r_{D2}, r_{D3})^T$；

（2）针对农业节水评价 C_2，各三级评价指标的综合权重为：$D_{C2}^* = (r_{D4}, r_{D5}, r_{D6}, r_{D7})^T$；

（3）针对工业节水评价 C_3，各三级评价指标的综合权重为：$D_{C3}^* = (r_{D8}, r_{D9}, r_{D10})^T$；

（4）针对生活节水评价 C_4，各三级评价指标的综合权重为：$D_{C4}^* = (r_{D11}, r_{D12}, r_{D13}, r_{D14})^T$；

（5）针对节水管理评价 C_5，各三级评价指标的综合权重为：$D_{C5}^* = (r_{D15}, r_{D16}, r_{D17}, r_{D18}, r_{D19})^T$；

（6）针对生态建设评价 C_6，各三级评价指标的综合权重为：$D_{C6}^* = (r_{D20}, r_{D21}, r_{D22}, r_{D23})^T$；

（7）针对生态治理评价 C_7，各三级评价指标的综合权重为：$D_{C7}^* = (r_{D24}, r_{D25})^T$；

（8）针对经济发展评价 C_8，各三级评价指标的综合权重为：$D_{C8}^* = (r_{D26}, r_{D27}, r_{D28})^T$。

4.3.4.2　二级评价指标综合权重的确定（针对总目标A）

在4.3.3节中已经求出针对总目标A，各三级评价指标的综合权重，现在计算针对总目标 A，各二级评价指标的综合权重。

很明显：

$$R_{C1} = \sum_{i=1}^{3} R_{Di}$$

$$R_{C2} = \sum_{i=4}^{7} R_{Di}$$

$$R_{C3} = \sum_{i=8}^{10} R_{Di}$$

$$R_{C4} = \sum_{i=11}^{14} R_{Di}$$

$$R_{C5} = \sum_{i=15}^{19} R_{Di}$$

$$R_{C6} = \sum_{i=20}^{23} R_{Di}$$

$$R_{C7} = \sum_{i=24}^{25} R_{Di}$$

$$R_{C8} = \sum_{i=26}^{28} R_{Di} \tag{4-8}$$

因此，针对总目标 A，各二级评价指标的综合权重为：$R_C = (R_{C1}, R_{C2}, R_{C3}, R_{C4}, R_{C5}, R_{C6}, R_{C7}, R_{C8})^T$。

4.3.4.3 二级评价指标综合权重的确定（针对其上一层次目标）

上面已经求出针对总目标 A，各二级评价指标的综合权重，现在计算针对上一层次目标 B，各二级评价指标的综合权重。

很明显：

$$r_{Ci} = \frac{R_{Ci}}{\sum_{i=1}^{5} R_{Ci}} (i = 1, 2, 3, 4, 5)$$

$$r_{Ci} = \frac{R_{Ci}}{\sum_{i=6}^{7} R_{Ci}} (i = 6, 7)$$

$$r_{C8} = 1 \tag{4-9}$$

因此，针对上一层次目标 B，各二级评价指标的综合权重为：

（1）针对水资源子系统 B_1，各二级评价指标的综合权重为：$C_{B1}^* = (r_{C1}, r_{C2}, r_{C3}, r_{C4}, r_{C5})^T$；

（2）针对生态环境子系统 B_2，各二级评价指标的综合权重为：$C_{B2}^* = (r_{C6}, r_{C7})^T$；

（3）针对经济社会子系统 B_3，各二级评价指标的综合权重为：$C_{B3}^* = r_{C8} = 1$。

4.3.4.4　一级评价指标综合权重的确定（针对总目标A，即其上一层次目标）

上面已经求出针对总目标A，各二级评价指标的综合权重，现在计算针对总目标A，即其上一层次目标，各一级评价指标的综合权重。

很明显：

$$r_{B1} = R_{B1} = \sum_{i=1}^{5} R_{Ci}$$

$$r_{B2} = R_{B2} = \sum_{i=6}^{7} R_{Ci}$$

$$r_{B3} = R_{B3} = R_{C8} \tag{4-10}$$

因此，针对总目标A，即其上一层次目标，各一级评价指标的综合权重为：

$$R_B = (R_{B1}, R_{B2}, R_{B3})^T = (r_{B1}, r_{B2}, r_{B3})^T$$

4.3.5　节水型社会建设目标模型的建立

本书选取的评价指标大部分是定量指标，同时本书不仅需要对节水型社会复合大系统进行综合评价，还需要对各子系统进行评价，以便有针对性地提出在节水型社会建设过程中需要改进的建议和措施。根据评价对象的特点、评价活动的实际需要、评价方法选择的基本原则，以及对各评价方法进行比较分析的基础上，本书结合分级综合指数法建立节水型社会建设目标模型。综合指数法是先求得各级评价指标的权重，然后计算出评价对象的综合指数，最后参照制定的综合评价等级参考标准，以此作出分析和评价。其优点是应用简单、方便实用，并且评价结果较为直观。分级综合指数法更便于对节水型社会建设的实现程度及不足作出更为准确的分析和判断，可以更有针对性地采取相应的措施与策略，并且分级将同类性质的指标归类处理后，可以便于计算研究，所得结果也更符合实际情况。相比较而言，分级综合指数法比其他方法优点较为明显。

4.3.5.1 节水型社会总目标模型

节水型社会综合评价由水资源子系统评价、生态环境子系统评价和经济社会子系统评价三部分组成，因此节水型社会总目标模型由水资源子系统模型、生态环境子系统模型和经济社会子系统模型三部分构成。假设 3 个一级评价指标，8 个二级评价指标和 28 个三级评价指标针对其上一层次目标的综合权重分别为：

一级评价指标综合权重值r_{B1}，r_{B2}，r_{B3}：

$$r_{B1}+r_{B2}+r_{B3}=1。$$

二级评价指标综合权重值r_{C1}，…，r_{C8}：

$$r_{C1}+r_{C2}+r_{C3}+r_{C4}+r_{C5}=1;$$

$$r_{C6}+r_{C7}=1;$$

$$r_{C8}=1。$$

三级评价指标综合权重值r_{D1}，…，r_{D28}：

$$r_{D1}+r_{D2}+r_{D3}=1;$$

$$r_{D4}+r_{D5}+r_{D6}+r_{D7}=1;$$

$$r_{D8}+r_{D9}+r_{D10}=1;$$

$$r_{D11}+r_{D12}+r_{D13}+r_{D14}=1;$$

$$r_{D15}+r_{D16}+r_{D17}+r_{D18}+r_{D19}=1;$$

$$r_{D20}+r_{D21}+r_{D22}+r_{D23}=1;$$

$$r_{D24}+r_{D25}=1;$$

$$r_{D26}+r_{D27}+r_{D28}=1。$$

则节水型社会总目标模型为：

$$A=r_{B1}B_1+r_{B2}B_2+r_{B3}B_3 \tag{4-11}$$

其中，A 为节水型社会建设综合评价指数，r_{B1}，r_{B2}，r_{B3}为一级评价指标的综合权重，B_1 表示水资源子系统评价指数，B_2 表示生态环境子系统评价指数，B_3 表示经济社会子系统评价指数。

4.3.5.2　水资源子系统模型

水资源子系统模型由综合节水、工业节水、农业节水、生活节水和节水管理5部分构成。其评价模型为：

$$B_1 = \sum_{i=1}^{5} r_{Ci}C_i \tag{4-12}$$

式（4-12）中，

$$C_1 = \sum_{i=1}^{3} r_{Di}d_i$$

$$C_2 = \sum_{i=4}^{7} r_{Di}d_i$$

$$C_3 = \sum_{i=8}^{10} r_{Di}d_i$$

$$C_4 = \sum_{i=11}^{14} r_{Di}d_i$$

$$C_5 = \sum_{i=15}^{19} r_{Di}d_i \tag{4-13}$$

其中，r_{Ci}为各二级评价指标的综合权重，C_1 表示综合节水的评价指数，C_2 表示工业节水的评价指数，C_3 表示农业节水的评价指数，C_4 表示生活节水的评价指数，C_5 表示节水管理的评价指数。r_{Di}为各三级评价指标的综合权重，d_i 为各三级评价指标的统计数据标准化值。

4.3.5.3　生态环境子系统模型

生态环境子系统模型体现在生态建设方面，其评价模型为：

$$B_2 = \sum_{i=6}^{7} r_{Ci}C_i \tag{4-14}$$

式（4-14）中，$C_6 = \sum_{i=20}^{23} r_{Di}d_i$

$$C_7 = \sum_{i=24}^{25} r_{Di}d_i \tag{4-15}$$

其中，r_{Ci}为各二级评价指标的综合权重，C_6 表示生态建设的评价指数，C_7 表示生态治理的评价指数。r_{Di}为各三级评价指标的综合权重，d_i 为各三级评价指标的统计数据标准化值。

4.3.5.4 经济社会子系统模型

经济社会子系统模型体现在经济发展方面，其评价模型为：

$$B_3 = C_8 = \sum_{i=26}^{28} r_{Di} d_i \quad (4-16)$$

其中，C_8 表示经济发展的评价指数。r_{Di} 为各三级评价指标的综合权重，d_i 为各三级评价指标的统计数据标准化值。

4.4 本章小结

（1）本章根据评价对象的特点、评价活动的实际需要、评价方法选择的基本原则，通过对主观赋权法、客观赋权法和综合集成赋权法，以及对层次分析法、模糊综合评判法、数据包络分析法、人工神经网络法、投影寻踪法、灰色关联法和理想点法进行比较分析的基础上，构建了基于 G_1 – 法和改进 DEA 的节水型社会建设评价模型。

（2）本章通过引入主观偏好系数，采用线性加权的方法，将主、客观赋权相结合，即将 G_1 – 法和改进 DEA 法确定的权重结合起来确定指标的综合权重，从而使指标权重的分配更为准确和合理。并以此为基准，结合分级综合指数法构建了节水型社会总目标模型，以及水资源子系统模型、生态环境子系统模型和经济社会子系统模型，从而计算出各决策单元的综合评价指数，并通过比较其大小来对各决策单元进行排序分析，不仅对节水型社会复合大系统进行综合评价，还对各子系统进行单独评价，这将为我国节水型社会建设提供有针对性和实效性的指导意见。

第 5 章

我国节水型社会建设评价实证研究

5.1　节水型社会建设评价指标的参考标准

5.1.1　节水型社会建设发展阶段的划分

节水型社会建设不是一成不变的，各地区因社会经济发展水平的差异而处于节水型社会的不同阶段；而同一地区的不同时期，所处的节水型社会的阶段也不同。因此，必须使用统一的参考标准来体现各水平年或各地区的节水型社会建设水平。本书在参考国内外先进研究成果的基础上，把节水型社会建设依次划分为起步、初级、中等、良好和优良五个阶段，分别代表节水型社会建设水平由低到高的发展过程。

5.1.2　节水型社会建设单项指标的参考标准

评价标准对节水型社会建设的评价结果意义重大，因此必须使用合适的参考值对节水型社会的建设成效进行准确评估。本书在参考国内外研究成果的基础上，通过对国家和相关部门发布的标准及国内外相关文献中的数据进行分析比较，建立的节水型社会建设单项指标在各阶段的参考标准值如表 5 - 1 所示。

表 5－1　节水型社会建设单项评价指标参考标准

目标	一级	二级	三级	起步	初级	中等	良好	优良
节水型社会建设综合评价指标体系（A）	水资源系统（B_1）	综合节水（C_1）	万元 GDP 用水量（立方米）（D_1）	>500	300～500	120～300	50～120	<50
			万元 GDP 用水量下降率（%）（D_2）	<5	5～8	8～12	12～16	>16
			人均用水量（立方米）（D_3）	>450	400～450	350～400	300～350	<300
		农业节水（C_2）	单方水粮食产量（千克）（D_4）	<1.1	1.1～1.6	1.6～1.8	1.8～2.0	>2.0
			农田灌溉亩均用水量（立方米/亩）（D_5）	>700	600～700	500～600	400～500	<400
			灌溉水利用系数（D_6）	<0.4	0.4～0.5	0.5～0.6	0.6～0.7	>0.7
			节水灌溉工程面积率（%）（D_7）	<20	20～35	35～60	60～75	>75
		工业节水（C_3）	万元工业产值用水量（立方米）（D_8）	>60	40～60	20～40	10～20	<10
			工业用水重复利用率（%）（D_9）	<30	30～50	50～70	70～90	>90
			工业废水处理回用率（%）（D_{10}）	<50	50～60	60～70	70～80	>80
		生活节水（C_4）	城镇居民人均生活用水量（升/人·日）（D_{11}）	>220	180～220	150～180	130～150	<130
			农村居民人均生活用水量（升/人·日）（D_{12}）	>80	60～80	50～60	40～50	<40
			供水管网漏损率（%）（D_{13}）	>30	20～30	10～20	5～10	<5
			节水器具普及率（%）（D_{14}）	<30	30～50	50～70	70～90	>90
		节水管理（C_5）	管理体制与管理机构（D_{15}）	0～2	2～4	4～6	6～8	8～10
			节水型建设规划（D_{16}）					
			促进节水防污的水价机制（D_{17}）					
			节水投入保障（D_{18}）					
			节水宣传（D_{19}）					

续表

目标	一级	二级	三级	起步	初级	中等	良好	优良
节水型社会建设综合评价指标体系（A）	生态环境系统（B_2）	生态建设（C_6）	水功能区水质达标率（%）（D_{20}）	<20	20~40	40~60	60~80	>80
			森林覆盖率（%）（D_{21}）	<20	20~40	40~60	60~80	>80
			建成区绿化覆盖率（%）（D_{22}）	<20	20~40	40~60	60~80	>80
			生态用水比例（%）（D_{23}）	<2	2~3	3~4	4~5	>5
		生态治理（C_7）	工业废水达标排放率（%）（D_{24}）	<80	80~90	90~95	95~99.5	>99.5
			城市生活污水处理率（%）（D_{25}）	<40	40~60	60~70	70~80	>80
	经济社会系统（B_3）	经济发展（C_8）	人均 GDP（万元）（D_{26}）	<0.5	0.5~3	3~5	5~10	>10
			GDP 增长率（%）（D_{27}）	<5	5~6	6~7	7~8	>8
			第一产业增加值比重（%）（D_{28}）	>10	8~10	6~8	4~6	<4

5.1.3 节水型社会建设综合评价的参考标准

根据节水型社会建设单项指标的参考标准，节水型社会建设综合评价也可相应地分为五个阶段：在起步阶段，节水型社会建设综合评价指数小于35%；在初级阶段，节水型社会建设综合评价指数在35%～55%；在中等阶段，节水型社会建设综合评价指数在55%～75%；在良好阶段，节水型社会建设综合评价指数在75%～95%；在优良阶段，节水型社会建设综合评价指数在95%以上（见表5-2）。

表5-2　节水型社会建设评价各阶段参考标准　单位：%

评价指数类别	起步阶段	初级阶段	中等阶段	良好阶段	优良阶段
水资源子系统评价指数	<35	35～55	55～75	75～95	>95
生态环境子系统评价指数	<35	35～55	55～75	75～95	>95
经济社会子系统评价指数	<35	35～55	55～75	75～95	>95
节水型社会建设综合评价指数	<35	35～55	55～75	75～95	>95

5.2 评价指标数据的采集与处理

5.2.1 评价指标原始数据的采集

经采集整理我国2001～2010年节水型社会建设的28个评价指标的原始数据（见表5-3）。

表5－3　节水型社会建设评价指标原始数据

目标	一级	二级	三级	2001年	2002年	2003年	2004年	2005年	2006年	2007年	2008年	2009年	2010年
节水型社会建设综合评价指标体系（A）	水资源系统（B_1）	综合节水（C_1）	万元GDP用水量（立方米）（D_1）	580	537	448	399	304	272	229	193	178	150
			万元GDP用水量下降率（%）（D_2）	9	7	8	7	7.8	7	10	7	7	9
			人均用水量（立方米）（D_3）	436	428	412	427	432	442	442	446	448	450
		农业节水（C_2）	单方水粮食产量（千克）（D_4）	1.215	1.267	1.302	1.323	1.341	1.359	1.394	1.443	1.426	1.481
			农田灌溉亩均用水量（立方米/亩）（D_5）	479	465	430	450	448	449	434	435	431	421
			灌溉水利用系数（D_6）	0.276	0.295	0.323	0.334	0.364	0.397	0.402	0.413	0.45	0.502
			节水灌溉工程面积率（%）（D_7）	31.4	33.3	34.8	36.2	37.7	0.393	40.7	41.8	43.5	45.3
		工业节水（C_3）	万元工业产值用水量（立方米）（D_8）	268	241	222	196	166.4	154.1	131	108	103	90
			工业用水重复利用率（%）（D_9）	69.6	71.5	72.5	74.2	75.1	80.6	82	83.8	85	85.7
			工业废水处理回用率（%）（D_{10}）	28.2	31.5	35.2	38.6	42.9	51.2	53.5	56.7	59.8	63.8
		生活节水（C_4）	城镇居民人均生活用水量（升/人·日）（D_{11}）	218	219	212	212	211	212	211	212	212	193
			农村居民人均生活用水量（升/人·日）（D_{12}）	92	94	68	68	68	69	71	72	73	83
			供水管网漏损率（%）（D_{13}）	16.98	15.82	15.22	15.02	14.86	14.71	14.47	13.50	12.18	12.03
			节水器具普及率（%）（D_{14}）	40.2	44.5	46.9	50.1	53.2	57.4	63.5	66.7	70.9	72.8

续表

目标	一级	二级	三级	2001 年	2002 年	2003 年	2004 年	2005 年	2006 年	2007 年	2008 年	2009 年	2010 年
节水型社会建设综合评价指标体系（A）	水资源系统（B_1）	节水管理（C_5）	管理体制与管理机构（D_{15}）	1.5	1.8	2.5	3.0	4.2	4.5	5.2	5.8	6.8	7.3
			节水型建设规划（D_{16}）	1.2	1.5	2.4	3.5	4.5	4.8	5.5	5.7	6.5	7.5
			促进节水防污的水价机制（D_{17}）	1.6	1.8	2.6	3.8	4.5	4.7	5.3	5.8	6.5	7.5
			节水投入保障（D_{18}）	1.8	1.9	2.7	3.6	4.6	4.8	5.6	5.9	6.8	7.8
			节水宣传（D_{19}）	1.5	1.7	2.8	3.2	4.7	4.8	5.4	5.6	6.9	7.2
	生态环境系统（B_2）	生态建设（C_6）	水功能区水质达标率（%）（D_{20}）	33.5	34.2	36.5	38.3	39.8	40.3	41.6	42.9	47.4	46
			森林覆盖率（%）（D_{21}）	16.55	16.55	16.55	18.21	18.21	18.21	18.21	18.21	20.36	20.36
			建成区绿化覆盖率（%）（D_{22}）	28.4	29.8	31.15	31.64	32.64	35.1	35.3	37.4	38.2	38.6
			生态用水比例（%）（D_{23}）	1.325	1.385	1.494	1.478	1.65	1.60	1.82	2.03	1.73	1.99
		生态治理（C_7）	工业废水达标排放率（%）（D_{24}）	85.6	88.3	89.2	90.7	91.2	92.1	91.7	92.4	94.2	95.3
			城市生活污水处理率（%）（D_{25}）	18.5	22.3	25.8	32.3	37.4	43.8	49.1	57.4	63.3	72.9
	经济社会系统（B_3）	经济发展（C_8）	人均 GDP（万元）（D_{26}）	0.86	0.94	1.05	1.23	1.42	1.65	2.02	2.37	2.56	2.97
			GDP 增长率（%）（D_{27}）	8.3	9.1	10	10.1	11.3	12.7	14.2	9.6	9.2	10.3
			第一产业增加值比重（%）（D_{28}）	15.2	14.5	14.8	15.2	12.4	11.8	11.7	11.3	10.6	10.2

注：万元 GDP 用水量、万元工业产值用水量、人均 GDP 按当年价格计算；万元 GDP 用水量下降率、GDP 增长率按可比价计算。

资料来源：中华人民共和国国家统计局网站、中华人民共和国环境保护部网站和中华人民共和国水利部网站。

将以上数据进行归纳综合（见表5-4）。

表5-4 我国节水型社会建设评价指标原始数据综合

系数	2001年	2002年	2003年	2004年	2005年	2006年	2007年	2008年	2009年	2010年
D_1	580	537	448	399	304	272	229	193	178	150
D_2	9	7	8	7	7.8	7	10	7	7	9
D_3	436	428	412	427	432	442	442	446	448	450
D_4	1.215	1.267	1.302	1.323	1.341	1.359	1.394	1.443	1.426	1.481
D_5	479	465	430	450	448	449	434	435	431	421
D_6	0.276	0.295	0.323	0.334	0.364	0.397	0.402	0.413	0.45	0.502
D_7	31.4	33.3	34.8	36.2	37.7	0.393	40.7	41.8	43.5	45.3
D_8	268	241	222	196	166.4	154.1	131	108	103	90
D_9	69.6	71.5	72.5	74.2	75.1	80.6	82	83.8	85	85.7
D_{10}	28.2	31.5	35.2	38.6	42.9	51.2	53.5	56.7	59.8	63.8
D_{11}	218	219	212	212	211	212	211	212	212	193
D_{12}	92	94	68	68	68	69	71	72	73	83
D_{13}	16.98	15.82	15.22	15.02	14.86	14.71	14.47	13.50	12.18	12.03
D_{14}	40.2	44.5	46.9	50.1	53.2	57.4	63.5	66.7	70.9	72.8
D_{15}	1.5	1.8	2.5	3.0	4.2	4.5	5.2	5.8	6.8	7.3
D_{16}	1.2	1.5	2.4	3.5	4.5	4.8	5.5	5.7	6.5	7.5
D_{17}	1.6	1.8	2.6	3.8	4.5	4.7	5.3	5.8	6.5	7.5
D_{18}	1.8	1.9	2.7	3.6	4.6	4.8	5.6	5.9	6.8	7.8
D_{19}	1.5	1.7	2.8	3.2	4.7	4.8	5.4	5.6	6.9	7.2
D_{20}	33.5	34.2	36.5	38.3	39.8	40.3	41.6	42.9	47.4	46
D_{21}	16.55	16.55	16.55	18.21	18.21	18.21	18.21	18.21	20.36	20.36
D_{22}	28.4	29.8	31.15	31.64	32.64	35.1	35.3	37.4	38.2	38.6
D_{23}	1.325	1.385	1.494	1.478	1.65	1.60	1.82	2.03	1.73	1.99

续表

系数	2001 年	2002 年	2003 年	2004 年	2005 年	2006 年	2007 年	2008 年	2009 年	2010 年
D_{24}	85. 6	88. 3	89. 2	90. 7	91. 2	92. 1	91. 7	92. 4	94. 2	95. 3
D_{25}	18. 5	22. 3	25. 8	32. 3	37. 4	43. 8	49. 1	57. 4	63. 3	72. 9
D_{26}	0. 86	0. 94	1. 05	1. 23	1. 42	1. 65	2. 02	2. 37	2. 56	2. 97
D_{27}	8. 3	9. 1	10	10. 1	11. 3	12. 7	14. 2	9. 6	9. 2	10. 3
D_{28}	15. 2	14. 5	14. 8	15. 2	12. 4	11. 8	11. 7	11. 3	10. 6	10. 2

5.2.2 原始数据的标准化处理

由于评价指标往往具有不同的量纲和数量级，因此不能直接比较，为了保证评价结果的可靠性，需要对原始数据进行规范化处理，这里我们采用极值处理法。

设 $M_j = \max(x_{1j}, x_{2j}, \cdots, x_{mj})$，$m_j = \min(x_{1j}, x_{2j}, \cdots, x_{mj})$

对于极小型指标：$x_{ij}^* = \dfrac{M_j - x_{ij}}{M_j - m_j}$

对于极大型指标：$x_{ij}^* = \dfrac{x_{ij} - m_j}{M_j - m_j}$

经过规范化处理后可得到表 5 -5。

表 5 -5　　我国节水型社会建设评价指标标准化数据

系数	2001 年	2002 年	2003 年	2004 年	2005 年	2006 年	2007 年	2008 年	2009 年	2010 年
D_1	0	0. 100	0. 307	0. 421	0. 642	0. 716	0. 816	0. 900	0. 935	1. 000
D_2	0. 667	0	0. 333	0	0. 267	0	1. 000	0	0	0. 667
D_3	0. 368	0. 579	1. 000	0. 605	0. 474	0. 211	0. 211	0. 105	0. 053	0
D_4	0	0. 195	0. 327	0. 406	0. 474	0. 541	0. 673	0. 857	0. 793	1. 000
D_5	0	0. 241	0. 845	0. 500	0. 534	0. 517	0. 776	0. 759	0. 828	1. 000
D_6	0	0. 084	0. 208	0. 257	0. 389	0. 535	0. 558	0. 606	0. 770	1. 000

续表

系数	2001年	2002年	2003年	2004年	2005年	2006年	2007年	2008年	2009年	2010年
D_7	0	0.137	0.245	0.345	0.453	0.568	0.669	0.748	0.871	1.000
D_8	0	0.152	0.258	0.404	0.571	0.640	0.770	0.899	0.927	1.000
D_9	0	0.118	0.180	0.286	0.342	0.683	0.770	0.882	0.957	1.000
D_{10}	0	0.093	0.197	0.275	0.413	0.646	0.711	0.801	0.888	1.000
D_{11}	0.038	0	0.269	0.269	0.308	0.269	0.308	0.269	0.269	1.000
D_{12}	0.077	0	1.000	1.000	1.000	0.962	0.885	0.846	0.808	0.423
D_{13}	0	0.234	0.356	0.396	0.428	0.459	0.507	0.703	0.970	1.000
D_{14}	0	0.132	0.206	0.304	0.399	0.528	0.715	0.813	0.942	1.000
D_{15}	0	0.052	0.172	0.259	0.466	0.517	0.638	0.741	0.914	1.000
D_{16}	0	0.048	0.190	0.365	0.524	0.571	0.683	0.714	0.841	1.000
D_{17}	0	0.034	0.169	0.373	0.492	0.525	0.627	0.712	0.831	1.000
D_{18}	0	0.017	0.150	0.300	0.467	0.500	0.633	0.683	0.833	1.000
D_{19}	0	0.035	0.228	0.298	0.561	0.579	0.684	0.719	0.947	1.000
D_{20}	0	0.050	0.216	0.345	0.453	0.489	0.583	0.676	1.000	0.899
D_{21}	0	0	0	0.436	0.436	0.436	0.436	0.436	1.000	1.000
D_{22}	0	0.137	0.270	0.318	0.416	0.657	0.676	0.882	0.961	1.000
D_{23}	0	0.085	0.240	0.217	0.461	0.390	0.702	1.000	0.574	0.943
D_{24}	0	0.278	0.371	0.526	0.577	0.670	0.629	0.701	0.887	1.000
D_{25}	0	0.070	0.134	0.254	0.347	0.465	0.563	0.715	0.824	1.000
D_{26}	0	0.038	0.090	0.175	0.265	0.374	0.550	0.716	0.806	1.000
D_{27}	0	0.136	0.288	0.305	0.508	0.746	1.000	0.220	0.1530	0.339
D_{28}	0	0.140	0.080	0	0.560	0.680	0.700	0.780	0.920	1.000

5.3 节水型社会建设评价指标权重的确定

5.3.1 基于 G_1 - 法的指标权重的确定

邀请来自水行政主管部门、科研院所、高校以及相关企业从事节水研究的专家学者和工程技术人员组成专家小组。

5.3.1.1 二级评价指标权重的确定（针对总目标A）

假设专家认为评价指标间具有序关系：$C_1 > C_2 > C_3 > C_4 > C_5 > C_6 > C_7 > C_8$，即 $C_1^* > C_2^* > C_3^* > C_4^* > C_5^* > C_6^* > C_7^* > C_8^*$，且给出 $f_2 = \frac{W_{C1}^*}{W_{C2}^*} = 1$，$f_3 = \frac{W_{C2}^*}{W_{C3}^*} = 1$，$f_4 = \frac{W_{C3}^*}{W_{C4}^*} = 1$，$f_5 = \frac{W_{C4}^*}{W_{C5}^*} = 1.6$，$f_6 = \frac{W_{C5}^*}{W_{C6}^*} = 1.2$，$f_7 = \frac{W_{C6}^*}{W_{C7}^*} = 1$，$f_8 = \frac{W_{C7}^*}{W_{C8}^*} = 1.1$。而 $f_2f_3f_4f_5f_6f_7f_8 = 2.112$，$f_3f_4f_5f_6f_7f_8 = 2.112$，$f_4f_5f_6f_7f_8 = 2.112$，$f_5f_6f_7f_8 = 2.112$，$f_6f_7f_8 = 1.32$，$f_7f_8 = 1.1$，$f_8 = 1.1$，因此 $f_2f_3f_4f_5f_6f_7f_8 + f_3f_4f_5f_6f_7f_8 + f_4f_5f_6f_7f_8 + f_5f_6f_7f_8 + f_6f_7f_8 + f_7f_8 + f_8 = 11.968$。

根据式（4-2）可得：

$$W_{C8}^* = (1 + 11.968)^{-1} = 0.076 \tag{5-1}$$

根据式（4-3）可得：

$$\begin{aligned}
W_{C7}^* &= f_8 W_{C8}^* = 0.085 \\
W_{C6}^* &= f_7 W_{C7}^* = 0.085 \\
W_{C5}^* &= f_6 W_{C6}^* = 0.102 \\
W_{C4}^* &= f_5 W_{C5}^* = 0.163 \\
W_{C3}^* &= f_4 W_{C4}^* = 0.163 \\
W_{C2}^* &= f_3 W_{C3}^* = 0.163 \\
W_{C1}^* &= f_2 W_{C2}^* = 0.163
\end{aligned} \tag{5-2}$$

因此，评价指标的权重系数为：

$$
\begin{aligned}
W_{C1} &= W_{C1}^{*} = 0.163 \\
W_{C2} &= W_{C2}^{*} = 0.163 \\
W_{C3} &= W_{C3}^{*} = 0.163 \\
W_{C4} &= W_{C4}^{*} = 0.163 \\
W_{C5} &= W_{C5}^{*} = 0.102 \\
W_{C6} &= W_{C6}^{*} = 0.085 \\
W_{C7} &= W_{C7}^{*} = 0.085 \\
W_{C8} &= W_{C8}^{*} = 0.076
\end{aligned}
\tag{5-3}
$$

所以针对总目标A，各二级评价指标的权重为：

$$
\begin{aligned}
W_C &= (W_{C1}, W_{C2}, W_{C3}, W_{C4}, W_{C5}, W_{C6}, W_{C7}, W_{C8})^T \\
&= (0.163, 0.163, 0.163, 0.163, 0.102, 0.085, 0.085, 0.076)^T
\end{aligned}
\tag{5-4}
$$

5.3.1.2 **三级评价指标权重的确定（针对其上一层次目标）**

（1）针对综合节水评价 C_1。

假设专家认为评价指标间具有序关系：$D_1 > D_3 > D_2$，即 $D_1^* > D_2^* > D_3^*$，且给出 $f_2 = \frac{w_{D1}^*}{w_{D2}^*} = 1.3$，$f_3 = \frac{w_{D2}^*}{w_{D3}^*} = 1.8$。而 $f_2 f_3 = 2.34$，$f_3 = 1.8$，因此 $f_2 f_3 + f_3 = 4.14$。

根据式（4-2）可得：

$$
w_{D3}^* = (1 + 4.14)^{-1} = 0.195 \tag{5-5}
$$

根据式（4-3）可得：

$$
\begin{aligned}
w_{D2}^* &= f_3 w_{D3}^* = 0.35 \\
w_{D1}^* &= f_2 w_{D2}^* = 0.455
\end{aligned}
\tag{5-6}
$$

因此，评价指标的权重系数为：

$$
\begin{aligned}
w_{D1} &= w_{D1}^* = 0.455 \\
w_{D2} &= w_{D3}^* = 0.195 \\
w_{D3} &= w_{D2}^* = 0.35
\end{aligned}
\tag{5-7}
$$

所以针对综合节水评价 C_1，各三级评价指标的权重为：

$$D_{C1}=(w_{D1},\ w_{D2},\ w_{D3})^T=(0.455,\ 0.195,\ 0.35)^T \tag{5-8}$$

（2）针对农业节水评价 C_2。

假设专家认为评价指标间具有序关系：$D_4>D_7>D_5>D_6$，即 $D_4^*>D_5^*>D_6^*>D_7^*$，且给出 $f_5=\frac{w_{D4}^*}{w_{D5}^*}=1.5$，$f_6=\frac{w_{D5}^*}{w_{D6}^*}=1.3$，$f_7=\frac{w_{D6}^*}{w_{D7}^*}=1.8$。而 $f_5f_6f_7=3.51$，$f_6f_7=2.34$，$f_7=1.8$，因此 $f_5f_6f_7+f_6f_7+f_7=7.65$。

根据式（4-2）可得：

$$w_{D7}^*=(1+7.65)^{-1}=0.116 \tag{5-9}$$

根据式（4-3）可得：

$$w_{D6}^*=f_7w_{D7}^*=0.208$$
$$w_{D5}^*=f_6w_{D6}^*=0.27$$
$$w_{D4}^*=f_5w_{D5}^*=0.406 \tag{5-10}$$

因此，评价指标的权重系数为：

$$w_{D4}=w_{D4}^*=0.406$$
$$w_{D5}=w_{D6}^*=0.208$$
$$w_{D6}=w_{D7}^*=0.116$$
$$w_{D7}=w_{D5}^*=0.27 \tag{5-11}$$

所以针对农业节水评价 C_2，各三级评价指标的权重为：

$$D_{C2}=(w_{D4},\ w_{D5},\ w_{D6},\ w_{D7})^T=(0.406,\ 0.208,\ 0.116,\ 0.27)^T \tag{5-12}$$

（3）针对工业节水评价 C_3。

假设专家认为评价指标间具有序关系：$D_8>D_9>D_{10}$，即 $D_8^*>D_9^*>D_{10}^*$，且给出 $f_9=\frac{w_{D8}^*}{w_{D9}^*}=1.5$，$f_{10}=\frac{w_{D9}^*}{w_{D10}^*}=1.3$。而 $f_9f_{10}=1.95$，$f_{10}=1.3$，因此 $f_9f_{10}+f_{10}=3.25$。

根据式（4-2）可得：

$$w_{D10}^*=(1+3.25)^{-1}=0.235 \tag{5-13}$$

根据式（4-3）可得：

$$w_{D9}^* = f_{10} w_{D10}^* = 0.306$$

$$w_{D8}^* = f_9 w_{D9}^* = 0.459 \tag{5-14}$$

因此，评价指标的权重系数为：

$$w_{D8} = w_{D8}^* = 0.459$$

$$w_{D9} = w_{D9}^* = 0.306$$

$$w_{D10} = w_{D10}^* = 0.235 \tag{5-15}$$

所以针对工业节水评价 C_3，各三级评价指标的权重为：

$$D_{C3} = (w_{D8}, w_{D9}, w_{D10})^T = (0.459, 0.306, 0.235)^T \tag{5-16}$$

（4）针对生活节水评价 C_4。

假设专家认为评价指标间具有序关系：$D_{13} > D_{14} > D_{11} > D_{12}$，即 $D_{11}^* > D_{12}^* > D_{13}^* > D_{14}^*$，且给出 $f_{12} = \frac{w_{D11}^*}{w_{D12}^*} = 1.3$，$f_{13} = \frac{w_{D12}^*}{w_{D13}^*} = 1.4$，$f_{14} = \frac{w_{D13}^*}{w_{D14}^*} = 1.6$。而 $f_{12}f_{13}f_{14} = 2.912$，$f_{13}f_{14} = 2.24$，$f_{14} = 1.6$，因此 $f_{12}f_{13}f_{14} + f_{13}f_{14} + f_{14} = 6.752$。

根据式（4-2）可得：

$$w_{D14}^* = (1 + 6.752)^{-1} = 0.129 \tag{5-17}$$

根据式（4-3）可得：

$$w_{D13}^* = f_{14} w_{D14}^* = 0.206$$

$$w_{D12}^* = f_{13} w_{D13}^* = 0.289$$

$$w_{D11}^* = f_{12} w_{D12}^* = 0.376 \tag{5-18}$$

因此，评价指标的权重系数为：

$$w_{D11} = w_{D13}^* = 0.206$$

$$w_{D12} = w_{D14}^* = 0.129$$

$$w_{D13} = w_{D11}^* = 0.376$$

$$w_{D14} = w_{D12}^* = 0.289 \tag{5-19}$$

所以针对生活节水评价 C_4，各三级评价指标的权重为：

$$D_{C4} = (w_{D11}, w_{D12}, w_{D13}, w_{D14})^T = (0.206, 0.129, 0.376, 0.289)^T \tag{5-20}$$

（5）针对节水管理评价 C_5。

假设专家认为评价指标间具有序关系：$D_{19} > D_{17} > D_{15} > D_{16} > D_{18}$，即：

$D_{15}^* > D_{16}^* > D_{17}^* > D_{18}^* > D_{19}^*$，且给出 $f_{16} = \frac{w_{D15}^*}{w_{D16}^*} = 1.2$，$f_{17} = \frac{w_{D16}^*}{w_{D17}^*} = 1.6$，$f_{18} = \frac{w_{D17}^*}{w_{D18}^*} = 1.2$，$f_{19} = \frac{w_{D18}^*}{w_{D19}^*} = 1.4$。而 $f_{16}f_{17}f_{18}f_{19} = 3.2256$，$f_{17}f_{18}f_{19} = 2.688$，$f_{18}f_{19} = 1.68$，$f_{19} = 1.4$，因此 $f_{16}f_{17}f_{18}f_{19} + f_{17}f_{18}f_{19} + f_{18}f_{19} + f_{19} = 8.9936$。

根据式（4-2）可得：

$$w_{D19}^* = (1 + 8.9936)^{-1} = 0.1 \tag{5-21}$$

根据式（4-3）可得：

$$\begin{aligned} w_{D18}^* &= f_{19} w_{D19}^* = 0.14 \\ w_{D17}^* &= f_{18} w_{D18}^* = 0.168 \\ w_{D16}^* &= f_{17} w_{D17}^* = 0.269 \\ w_{D15}^* &= f_{16} w_{D16}^* = 0.323 \end{aligned} \tag{5-22}$$

因此，评价指标的权重系数为：

$$\begin{aligned} w_{D15} &= w_{D17}^* = 0.168 \\ w_{D16} &= w_{D18}^* = 0.14 \\ w_{D17} &= w_{D16}^* = 0.269 \\ w_{D18} &= w_{D19}^* = 0.1 \\ w_{D19} &= w_{D15}^* = 0.323 \end{aligned} \tag{5-23}$$

所以针对节水管理评价 C_5，各三级评价指标的权重为：

$$\begin{aligned} D_{C5} &= (w_{D15},\ w_{D16},\ w_{D17},\ w_{D18},\ w_{D19})^T \\ &= (0.168,\ 0.14,\ 0.269,\ 0.1,\ 0.323)^T \end{aligned} \tag{5-24}$$

（6）针对生态建设评价 C_6。

假设专家认为评价指标间具有序关系：$D_{20} > D_{21} > D_{22} > D_{23}$，即 $D_{20}^* > D_{21}^* > D_{22}^* > D_{23}^*$，且给出 $f_{21} = \frac{w_{D20}^*}{w_{D21}^*} = 1.5$，$f_{22} = \frac{w_{D21}^*}{w_{D22}^*} = 1$，$f_{23} = \frac{w_{D22}^*}{w_{D23}^*} = 1.6$。而 $f_{21}f_{22}f_{23} = 2.4$，$f_{22}f_{23} = 1.6$，$f_{23} = 1.6$，因此 $f_{21}f_{22}f_{23} + f_{22}f_{23} + f_{23} = 5.6$。

根据式（4-2）可得：

$$w_{D23}^* = (1 + 5.6)^{-1} = 0.152 \tag{5-25}$$

根据式（4-3）可得：

$$w_{D22}^* = f_{23} w_{D23}^* = 0.242$$
$$w_{D21}^* = f_{22} w_{D22}^* = 0.242$$
$$w_{D20}^* = f_{21} w_{D21}^* = 0.364 \qquad (5-26)$$

因此，评价指标的权重系数为：

$$w_{D20} = w_{D20}^* = 0.364$$
$$w_{D21} = w_{D21}^* = 0.242$$
$$w_{D22} = w_{D22}^* = 0.242$$
$$w_{D23} = w_{D23}^* = 0.152 \qquad (5-27)$$

所以针对生态建设评价 C_6，各三级评价指标的权重为：

$$D_{C6} = (w_{D20}, w_{D21}, w_{D22}, w_{D23})^T = (0.364, 0.242, 0.242, 0.152)^T \qquad (5-28)$$

（7）针对生态治理评价 C_7。

假设专家认为评价指标间具有序关系：$D_{24} > D_{25}$，即 $D_{24}^* > D_{25}^*$，且给出 $f_{25} = \frac{w_{D24}^*}{w_{D25}^*} = 1.2$。

根据式（4-2）可得：

$$w_{D25}^* = (1+1.2)^{-1} = 0.455 \qquad (5-29)$$

根据式（4-3）可得：

$$w_{D24}^* = f_{25} w_{D25}^* = 0.545 \qquad (5-30)$$

因此，评价指标的权重系数为：

$$w_{D24} = w_{D24}^* = 0.545$$
$$w_{D25} = w_{D25}^* = 0.455 \qquad (5-31)$$

所以针对生态治理评价 C_7，各三级评价指标的权重为：

$$D_{C7} = (w_{D24}, w_{D25})^T = (0.545, 0.455)^T \qquad (5-32)$$

（8）针对经济发展评价 C_8。

假设专家认为评价指标间具有序关系：$D_{26} > D_{28} > D_{27}$，即 $D_{26}^* > D_{27}^* > D_{28}^*$，且给出 $f_{27} = \frac{w_{D26}^*}{w_{D27}^*} = 1.2$，$f_{28} = \frac{w_{D27}^*}{w_{D28}^*} = 1.8$。而 $f_{27} f_{28} = 2.16$，$f_{28} = 1.8$，因

此 $f_{27}f_{28}+f_{28}=3.96$。

根据式（4-2）可得：

$$w_{D28}^{*}=(1+3.96)^{-1}=0.202 \tag{5-33}$$

根据式（4-3）可得：

$$\begin{aligned} w_{D27}^{*}&=f_{28}w_{D28}^{*}=0.363 \\ w_{D26}^{*}&=f_{27}w_{D27}^{*}=0.435 \end{aligned} \tag{5-34}$$

因此，评价指标的权重系数为：

$$\begin{aligned} w_{D26}&=w_{D26}^{*}=0.435 \\ w_{D27}&=w_{D28}^{*}=0.202 \\ w_{D28}&=w_{D27}^{*}=0.363 \end{aligned} \tag{5-35}$$

所以针对经济发展评价 C_8，各三级评价指标的权重为：

$$D_{C8}=(w_{D26},\ w_{D27},\ w_{D28})^{T}=(0.435,\ 0.202,\ 0.363)^{T} \tag{5-36}$$

5.3.1.3 三级评价指标权重的确定（针对总目标 A）

根据式（4-4）及上述5.3.1.1和5.3.1.2所求的结果，即可求出针对总目标 A，各三级评价指标的权重：

$$\begin{aligned} W_{Di}&=W_{C1}w_{Di}(i=1,\ 2,\ 3) \\ W_{Di}&=W_{C2}w_{Di}(i=4,\ 5,\ 6,\ 7) \\ W_{Di}&=W_{C3}w_{Di}(i=8,\ 9,\ 10) \\ W_{Di}&=W_{C4}w_{Di}(i=11,\ 12,\ 13,\ 14) \\ W_{Di}&=W_{C5}w_{Di}(i=15,\ 16,\ 17,\ 18,\ 19) \\ W_{Di}&=W_{C6}w_{Di}(i=20,\ 21,\ 22,\ 23) \\ W_{Di}&=W_{C7}w_{Di}(i=24,\ 25) \\ W_{Di}&=W_{C8}w_{Di}(i=26,\ 27,\ 28) \end{aligned} \tag{4-4}$$

因此：

$$\begin{aligned} W_{D1}&=W_{C1}w_{D1}=0.074 \\ W_{D2}&=W_{C1}w_{D2}=0.032 \\ W_{D3}&=W_{C1}w_{D3}=0.057 \\ W_{D4}&=W_{C2}w_{D4}=0.066 \end{aligned}$$

$$W_{D5}=W_{C2}w_{D5}=0.034$$
$$W_{D6}=W_{C2}w_{D6}=0.019$$
$$W_{D7}=W_{C2}w_{D7}=0.044$$
$$W_{D8}=W_{C3}w_{D8}=0.075$$
$$W_{D9}=W_{C3}w_{D9}=0.050$$
$$W_{D10}=W_{C3}w_{D10}=0.038$$
$$W_{D11}=W_{C4}w_{D11}=0.034$$
$$W_{D12}=W_{C4}w_{D12}=0.021$$
$$W_{D13}=W_{C4}w_{D13}=0.061$$
$$W_{D14}=W_{C4}w_{D14}=0.047$$
$$W_{D15}=W_{C5}w_{D15}=0.017$$
$$W_{D16}=W_{C5}w_{D16}=0.014$$
$$W_{D17}=W_{C5}w_{D17}=0.027$$
$$W_{D18}=W_{C5}w_{D18}=0.010$$
$$W_{D19}=W_{C5}w_{D19}=0.033$$
$$W_{D20}=W_{C6}w_{D20}=0.031$$
$$W_{D21}=W_{C6}w_{D21}=0.021$$
$$W_{D22}=W_{C6}w_{D22}=0.021$$
$$W_{D23}=W_{C6}w_{D23}=0.013$$
$$W_{D24}=W_{C7}w_{D24}=0.046$$
$$W_{D25}=W_{C7}w_{D25}=0.039$$
$$W_{D26}=W_{C8}w_{D26}=0.033$$
$$W_{D27}=W_{C8}w_{D27}=0.015$$
$$W_{D28}=W_{C8}w_{D28}=0.028 \quad (5-37)$$

所以针对总目标A，各三级评价指标的权重为：

$$W_D=(W_{D1}, W_{D2}, W_{D3}, W_{D4}, W_{D5}, W_{D6}, W_{D7}, W_{D8}, W_{D9}, W_{D10}, W_{D11}, W_{D12}, W_{D13}, W_{D14}, W_{D15}, W_{D16}, W_{D17}, W_{D18}, W_{D19}, W_{D20}, W_{D21}, W_{D22}, W_{D23}, W_{D24}, W_{D25}, W_{D26}, W_{D27}, W_{D28})^T$$
$$=(0.074, 0.032, 0.057, 0.066, 0.034, 0.019, 0.044, 0.075, 0.050, 0.038, 0.034, 0.021, 0.061, 0.047, 0.017, 0.014,$$

0.027，0.010，0.033，0.031，0.021，0.021，0.013，0.046，0.039，0.033，0.015，0.028)^T (5-38)

5.3.2 基于改进DEA的公共权重的确定

万元GDP用水量（D_1）、人均用水量（D_3）、农田灌溉亩均用水量（D_5）、万元工业产值用水量（D_8）、城镇居民人均生活用水量（D_{11}）、农村居民人均生活用水量（D_{12}）、供水管网漏损率（D_{13}）、第一产业增加值比重（D_{28}）为取值越小越好的成本型指标，因此可作为输入指标；万元GDP用水量下降率（D_2）、单方水粮食产量（D_4）、灌溉水利用系数（D_6）、节水灌溉工程面积率（D_7）、工业用水重复利用率（D_9）、工业废水处理回用率（D_{10}）、节水器具普及率（D_{14}）、管理体制与管理机构（D_{15}）、节水型建设规划（D_{16}）、促进节水防污的水价机制（D_{17}）、节水投入保障（D_{18}）、节水宣传（D_{19}）、水功能区水质达标率（D_{20}）、森林覆盖率（D_{21}）、建成区绿化覆盖率（D_{22}）、生态用水比例（D_{23}）、工业废水达标排放率（D_{24}）、城市生活污水处理率（D_{25}）、人均GDP（D_{26}）、GDP增长率（D_{27}）为取值越大越好的效益型指标，因此可作为输出指标。构造两个虚拟决策单元DMU_{11}和DMU_{12}，前者表示最优决策单元，后者表示最劣决策单元。容易确定DMU_{11}的输入向量为X_{11} =(150，412，421，90，193，68，12.03，10.2)^T，输出向量为Y_{11} =(10，1.481，0.502，45.3，85.7，63.8，72.8，7.3，7.5，7.5，7.8，7.2，47.4，20.36，38.6，2.03，95.3，72.9，2.97，14.2)^T；DMU_{12}的输入向量为X_{12} =(580，450，479，268，219，94，16.98，15.2)^T，输出向量为Y_{12} =(7，1.215，0.276，31.4，69.6，28.2，40.2，1.5，1.2，1.6，1.8，1.5，33.5，16.55，28.4，1.325，85.6，18.5，0.86，8.3)^T。

对原始数据进行整理可得表5-6。

在建模之前首先对原始指标数据进行无量纲化处理（见表5-7），这里采用线性比例法。

表5-6　改进DEA法评价指标原始数据

系数		2001年	2002年	2003年	2004年	2005年	2006年	2007年	2008年	2009年	2010年	2011年	2012年
X	D_1	580	537	448	399	304	272	229	193	178	150	150	580
	D_3	436	428	412	427	432	442	442	446	448	450	412	450
	D_5	479	465	430	450	448	449	434	435	431	421	421	479
	D_8	268	241	222	196	166. 4	154. 1	131	108	103	90	90	268
	D_{11}	218	219	212	212	211	212	211	212	212	193	193	219
	D_{12}	92	94	68	68	68	69	71	72	73	83	68	94
	D_{13}	16. 98	15. 82	15. 22	15. 02	14. 86	14. 71	14. 47	13. 50	12. 18	12. 03	12. 03	16. 98
	D_{28}	15. 2	14. 5	14. 8	15. 2	12. 4	11. 8	11. 7	11. 3	10. 6	10. 2	10. 2	15. 2
Y	D_2	9	7	8	7	7. 8	7	10	7	7	9	10	7
	D_4	1. 215	1. 267	1. 302	1. 323	1. 341	1. 359	1. 394	1. 443	1. 426	1. 481	1. 481	1. 215
	D_6	0. 276	0. 295	0. 323	0. 334	0. 364	0. 397	0. 402	0. 413	0. 45	0. 502	0. 502	0. 276
	D_7	31. 4	33. 3	34. 8	36. 2	37. 7	39. 3	40. 7	41. 8	43. 5	45. 3	45. 3	31. 4
	D_9	69. 6	71. 5	72. 5	74. 2	75. 1	80. 6	82	83. 8	85	85. 7	85. 7	69. 6
	D_{10}	28. 2	31. 5	35. 2	38. 6	42. 9	51. 2	53. 5	56. 7	59. 8	63. 8	63. 8	28. 2
	D_{14}	40. 2	44. 5	46. 9	50. 1	53. 2	57. 4	63. 5	66. 7	70. 9	72. 8	72. 8	40. 2
	D_{15}	1. 5	1. 8	2. 5	3. 0	4. 2	4. 5	5. 2	5. 8	6. 8	7. 3	7. 3	1. 5
	D_{16}	1. 2	1. 5	2. 4	3. 5	4. 5	4. 8	5. 5	5. 7	6. 5	7. 5	7. 5	1. 2
	D_{17}	1. 6	1. 8	2. 6	3. 8	4. 5	4. 7	5. 3	5. 8	6. 5	7. 5	7. 5	1. 6

续表

系数		2001年	2002年	2003年	2004年	2005年	2006年	2007年	2008年	2009年	2010年	2011年	2012年
Y	D_{18}	1.8	1.9	2.7	3.6	4.6	4.8	5.6	5.9	6.8	7.8	7.8	1.8
	D_{19}	1.5	1.7	2.8	3.2	4.7	4.8	5.4	5.6	6.9	7.2	7.2	1.5
	D_{20}	33.5	34.2	36.5	38.3	39.8	40.3	41.6	42.9	47.4	46	47.4	33.5
	D_{21}	16.55	16.55	16.55	18.21	18.21	18.21	18.21	18.21	20.36	20.36	20.36	16.55
	D_{22}	28.4	29.8	31.15	31.64	32.64	35.1	35.3	37.4	38.2	38.6	38.6	28.4
	D_{23}	1.325	1.385	1.494	1.478	1.65	1.60	1.82	2.03	1.73	1.99	2.03	1.325
	D_{24}	85.6	88.3	89.2	90.7	91.2	92.1	91.7	92.4	94.2	95.3	95.3	85.6
	D_{25}	18.5	22.3	25.8	32.3	37.4	43.8	49.1	57.4	63.3	72.9	72.9	18.5
	D_{26}	0.86	0.94	1.05	1.23	1.42	1.65	2.02	2.37	2.56	2.97	2.97	0.86
	D_{27}	8.3	9.1	10	10.1	11.3	12.7	14.2	9.6	9.2	10.3	14.2	8.3

表 5-7 改进 DEA 法评价指标标准化数据

系数		2001年	2002年	2003年	2004年	2005年	2006年	2007年	2008年	2009年	2010年	11	12
X	D_1	1.000	0.926	0.772	0.688	0.524	0.469	0.395	0.333	0.307	0.259	0.259	1.000
	D_3	0.967	0.951	0.916	0.949	0.960	0.982	0.982	0.991	0.996	1.000	0.916	1.000
	D_5	1.000	0.971	0.898	0.939	0.935	0.937	0.906	0.908	0.900	0.879	0.879	1.000
	D_8	1.000	0.899	0.828	0.731	0.621	0.575	0.489	0.403	0.384	0.336	0.336	1.000
	D_{11}	0.995	1.000	0.968	0.968	0.963	0.968	0.963	0.968	0.968	0.881	0.881	1.000
	D_{12}	0.979	1.000	0.723	0.723	0.723	0.734	0.755	0.766	0.777	0.883	0.723	1.000
	D_{13}	1.000	0.932	0.896	0.885	0.875	0.866	0.852	0.795	0.717	0.708	0.708	1.000
	D_{28}	1.000	0.954	0.974	1.000	0.816	0.776	0.770	0.743	0.697	0.671	0.671	1.000
Y	D_2	0.900	0.700	0.800	0.700	0.780	0.700	1.000	0.700	0.700	0.900	1.000	0.700
	D_4	0.820	0.856	0.879	0.893	0.905	0.918	0.941	0.974	0.963	1.000	1.000	0.820
	D_6	0.550	0.588	0.643	0.665	0.791	0.791	0.801	0.823	0.896	1.000	1.000	0.550
	D_7	0.693	0.735	0.768	0.799	0.832	0.868	0.898	0.923	0.960	1.000	1.000	0.693
	D_9	0.812	0.834	0.846	0.866	0.876	0.940	0.957	0.978	0.992	1.000	1.000	0.812
	D_{10}	0.442	0.494	0.552	0.605	0.672	0.803	0.839	0.948	0.937	1.000	1.000	0.442
	D_{14}	0.552	0.611	0.644	0.688	0.731	0.788	0.872	0.916	0.974	1.000	1.000	0.552
	D_{15}	0.205	0.247	0.342	0.411	0.575	0.616	0.712	0.795	0.932	1.000	1.000	0.205
	D_{16}	0.160	0.200	0.320	0.467	0.600	0.640	0.733	0.760	0.867	1.000	1.000	0.160
	D_{17}	0.213	0.240	0.347	0.507	0.600	0.627	0.707	0.773	0.867	1.000	1.000	0.213

续表

系数		2001年	2002年	2003年	2004年	2005年	2006年	2007年	2008年	2009年	2010年	2011年	2012年
Y	D_{18}	0.231	0.244	0.346	0.462	0.590	0.615	0.718	0.756	0.872	1.000	1.000	0.231
	D_{19}	0.208	0.236	0.389	0.444	0.653	0.667	0.750	0.778	0.958	1.000	1.000	0.208
	D_{20}	0.707	0.722	0.770	0.808	0.840	0.850	0.878	0.905	1.000	0.970	1.000	0.707
	D_{21}	0.813	0.813	0.813	0.894	0.894	0.894	0.894	0.894	1.000	1.000	1.000	0.813
	D_{22}	0.736	0.772	0.807	0.820	0.846	0.909	0.915	0.969	0.990	1.000	1.000	0.736
	D_{23}	0.653	0.682	0.736	0.728	0.813	0.788	0.897	1.000	0.852	0.980	1.000	0.653
	D_{24}	0.898	0.927	0.936	0.952	0.957	0.966	0.962	0.970	0.988	1.000	1.000	0.898
	D_{25}	0.254	0.306	0.354	0.443	0.513	0.601	0.674	0.787	0.868	1.000	1.000	0.254
	D_{26}	0.290	0.316	0.354	0.414	0.478	0.556	0.680	0.798	0.862	1.000	1.000	0.290
	D_{27}	0.585	0.641	0.704	0.711	0.796	0.894	1.000	0.676	0.648	0.725	1.000	0.585

根据表5-7及式(4-5)可建立改进DEA模型。通过LINDO软件求解,并对其进行归一化处理,即可得到针对总目标A,各三级评价指标的公共权重:

$$\begin{aligned}W_D^* &= (W_{D1}^*, W_{D2}^*, W_{D3}^*, W_{D4}^*, W_{D5}^*, W_{D6}^*, W_{D7}^*, W_{D8}^*, W_{D9}^*, W_{D10}^*,\\ &\quad W_{D11}^*, W_{D12}^*, W_{D13}^*, W_{D14}^*, W_{D15}^*, W_{D16}^*, W_{D17}^*, W_{D18}^*, W_{D19}^*,\\ &\quad W_{D20}^*, W_{D21}^*, W_{D22}^*, W_{D23}^*, W_{D24}^*, W_{D25}^*, W_{D26}^*, W_{D27}^*, W_{D28}^*)^T\\ &= (0.082, 0.028, 0.047, 0.060, 0.030, 0.017, 0.038, 0.083,\\ &\quad 0.046, 0.042, 0.030, 0.019, 0.059, 0.045, 0.025, 0.024,\\ &\quad 0.035, 0.018, 0.041, 0.025, 0.013, 0.017, 0.011, 0.040,\\ &\quad 0.047, 0.041, 0.013, 0.024)^T \end{aligned} \tag{5-39}$$

5.3.3 基于G_1-法和改进DEA的综合权重的确定

在确定指标的综合权重时,取主观偏好系数$\theta = 0.5$。根据式(4-6)可得:

$$\begin{aligned}R_D &= \theta W_D + (1-\theta) W_D^*\\ &= 0.5W_D + 0.5W_D^*\\ &= 0.5(W_{D1}, W_{D2}, W_{D3}, W_{D4}, W_{D5}, W_{D6}, W_{D7}, W_{D8}, W_{D9}, W_{D10},\\ &\quad W_{D11}, W_{D12}, W_{D13}, W_{D14}, W_{D15}, W_{D16}, W_{D17}, W_{D18}, W_{D19}, W_{D20},\\ &\quad W_{D21}, W_{D22}, W_{D23}, W_{D24}, W_{D25}, W_{D26}, W_{D27}, W_{D28})^T + 0.5(W_{D1}^*,\\ &\quad W_{D2}^*, W_{D3}^*, W_{D4}^*, W_{D5}^*, W_{D6}^*, W_{D7}^*, W_{D8}^*, W_{D9}^*, W_{D10}^*, W_{D11}^*, W_{D12}^*,\\ &\quad W_{D13}^*, W_{D14}^*, W_{D15}^*, W_{D16}^*, W_{D17}^*, W_{D18}^*, W_{D19}^*, W_{D20}^*, W_{D21}^*, W_{D22}^*,\\ &\quad W_{D23}^*, W_{D24}^*, W_{D25}^*, W_{D26}^*, W_{D27}^*, W_{D28}^*)^T\\ &= 0.5(0.074, 0.032, 0.057, 0.066, 0.034, 0.019, 0.044, 0.075,\\ &\quad 0.050, 0.038, 0.034, 0.021, 0.061, 0.047, 0.017, 0.014,\\ &\quad 0.027, 0.010, 0.033, 0.031, 0.021, 0.021, 0.013, 0.046,\\ &\quad 0.039, 0.033, 0.015, 0.028)^T + 0.5(0.082, 0.028, 0.047, 0.060,\\ &\quad 0.030, 0.017, 0.038, 0.083, 0.046, 0.042, 0.030, 0.019,\\ &\quad 0.059, 0.045, 0.025, 0.024, 0.035, 0.018, 0.041, 0.025,\end{aligned}$$

$$0.013,\ 0.017,\ 0.011,\ 0.040,\ 0.047,\ 0.041,\ 0.013,\ 0.024)^T$$

$$=(0.078,\ 0.030,\ 0.052,\ 0.063,\ 0.032,\ 0.018,\ 0.041,\ 0.079,\ 0.048,\ 0.040,\ 0.032,\ 0.020,\ 0.060,\ 0.046,\ 0.021,\ 0.019,\ 0.031,\ 0.014,\ 0.037,\ 0.028,\ 0.017,\ 0.019,\ 0.012,\ 0.043,\ 0.043,\ 0.037,\ 0.014,\ 0.026)^T \tag{5-40}$$

因此，针对总目标 A，各三级评价指标的综合权重为：

$$R_D=(R_{D1},\ R_{D2},\ R_{D3},\ R_{D4},\ R_{D5},\ R_{D6},\ R_{D7},\ R_{D8},\ R_{D9},\ R_{D10},\ R_{D11},\ R_{D12},\ R_{D13},\ R_{D14},\ R_{D15},\ R_{D16},\ R_{D17},\ R_{D18},\ R_{D19},\ R_{D20},\ R_{D21},\ R_{D22},\ R_{D23},\ R_{D24},\ R_{D25},\ R_{D26},\ R_{D27},\ R_{D28})^T$$
$$=(0.078,\ 0.030,\ 0.052,\ 0.063,\ 0.032,\ 0.018,\ 0.041,\ 0.079,\ 0.048,\ 0.040,\ 0.032,\ 0.020,\ 0.060,\ 0.046,\ 0.021,\ 0.019,\ 0.031,\ 0.014,\ 0.037,\ 0.028,\ 0.017,\ 0.019,\ 0.012,\ 0.043,\ 0.043,\ 0.037,\ 0.014,\ 0.026)^T \tag{5-41}$$

5.3.4 各级评价指标综合权重的确定（针对其上一层次目标）

5.3.4.1 三级评价指标综合权重的确定（针对其上一层次目标）

在 5.3.3 节中已经求出针对总目标 A，各三级评价指标的综合权重，现在根据式（4－7）计算针对上一层次目标 C，各三级评价指标的综合权重。

$$r_{Di}=\frac{R_{Di}}{\sum_{i=1}^{3}R_{Di}}(i=1,2,3)$$

$$r_{Di}=\frac{R_{Di}}{\sum_{i=4}^{7}R_{Di}}(i=4,5,6,7)$$

$$r_{Di}=\frac{R_{Di}}{\sum_{i=8}^{10}R_{Di}}(i=8,9,10)$$

$$r_{Di}=\frac{R_{Di}}{\sum_{i=11}^{14}R_{Di}}(i=11,12,13,14)$$

$$r_{Di} = \frac{R_{Di}}{\sum_{i=15}^{19} R_{Di}} (i = 15, 16, 17, 18, 19)$$

$$r_{Di} = \frac{R_{Di}}{\sum_{i=20}^{23} R_{Di}} (i = 20, 21, 22, 23)$$

$$r_{Di} = \frac{R_{Di}}{\sum_{i=24}^{25} R_{Di}} (i = 24, 25)$$

$$r_{Di} = \frac{R_{Di}}{\sum_{i=26}^{28} R_{Di}} (i = 26, 27, 28) \quad (4-7)$$

因此，针对 C_1：

$$r_{D1} = \frac{R_{D1}}{R_{D1} + R_{D2} + R_{D3}} = 0.488$$

$$r_{D2} = \frac{R_{D2}}{R_{D1} + R_{D2} + R_{D3}} = 0.187$$

$$r_{D3} = \frac{R_{D3}}{R_{D1} + R_{D2} + R_{D3}} = 0.325 \quad (5-42)$$

针对 C_2：

$$r_{D4} = \frac{R_{D4}}{R_{D4} + R_{D5} + R_{D6} + R_{D7}} = 0.409$$

$$r_{D5} = \frac{R_{D5}}{R_{D4} + R_{D5} + R_{D6} + R_{D7}} = 0.208$$

$$r_{D6} = \frac{R_{D6}}{R_{D4} + R_{D5} + R_{D6} + R_{D7}} = 0.117$$

$$r_{D7} = \frac{R_{D7}}{R_{D4} + R_{D5} + R_{D6} + R_{D7}} = 0.226 \quad (5-43)$$

针对 C_3：

$$r_{D8} = \frac{R_{D8}}{R_{D8} + R_{D9} + R_{D10}} = 0.473$$

$$r_{D9} = \frac{R_{D9}}{R_{D8} + R_{D9} + R_{D10}} = 0.287$$

$$r_{D10}=\frac{R_{D10}}{R_{D8}+R_{D9}+R_{D10}}=0.24 \tag{5-44}$$

针对 C_4：

$$r_{D11}=\frac{R_{D11}}{R_{D11}+R_{D12}+R_{D13}+R_{D14}}=0.202$$

$$r_{D12}=\frac{R_{D12}}{R_{D11}+R_{D12}+R_{D13}+R_{D14}}=0.127$$

$$r_{D13}=\frac{R_{D13}}{R_{D11}+R_{D12}+R_{D13}+R_{D14}}=0.38$$

$$r_{D14}=\frac{R_{D14}}{R_{D11}+R_{D12}+R_{D13}+R_{D14}}=0.291 \tag{5-45}$$

针对 C_5：

$$r_{D15}=\frac{R_{D15}}{R_{D15}+R_{D16}+R_{D17}+R_{D18}+R_{D19}}=0.172$$

$$r_{D16}=\frac{R_{D16}}{R_{D15}+R_{D16}+R_{D17}+R_{D18}+R_{D19}}=0.156$$

$$r_{D17}=\frac{R_{D17}}{R_{D15}+R_{D16}+R_{D17}+R_{D18}+R_{D19}}=0.254$$

$$r_{D18}=\frac{R_{D18}}{R_{D15}+R_{D16}+R_{D17}+R_{D18}+R_{D19}}=0.115$$

$$r_{D19}=\frac{R_{D19}}{R_{D15}+R_{D16}+R_{D17}+R_{D18}+R_{D19}}=0.303 \tag{5-46}$$

针对 C_6：

$$r_{D20}=\frac{R_{D20}}{R_{D20}+R_{D21}+R_{D22}+R_{D23}}=0.368$$

$$r_{D21}=\frac{R_{D21}}{R_{D20}+R_{D21}+R_{D22}+R_{D23}}=0.224$$

$$r_{D22}=\frac{R_{D22}}{R_{D20}+R_{D21}+R_{D22}+R_{D23}}=0.25$$

$$r_{D23}=\frac{R_{D23}}{R_{D20}+R_{D21}+R_{D22}+R_{D23}}=0.158 \tag{5-47}$$

针对 C_7：

$$r_{D24}=\frac{R_{D24}}{R_{D24}+R_{D25}}=0.5$$

$$r_{D25}=\frac{R_{D25}}{R_{D24}+R_{D25}}=0.5 \tag{5-48}$$

针对 C_8：

$$r_{D26}=\frac{R_{D26}}{R_{D26}+R_{D27}+R_{D28}}=0.48$$

$$r_{D27}=\frac{R_{D27}}{R_{D26}+R_{D27}+R_{D28}}=0.182$$

$$r_{D28}=\frac{R_{D28}}{R_{D26}+R_{D27}+R_{D28}}=0.338 \tag{5-49}$$

所以，针对上一层次目标 C，各三级评价指标的综合权重为：

（1）针对综合节水评价 C_1，各三级评价指标的综合权重为：

$$D_{C1}^{*}=(r_{D1},\ r_{D2},\ r_{D3})^{T}=(0.488,\ 0.187,\ 0.325)^{T} \tag{5-50}$$

（2）针对农业节水评价 C_2，各三级评价指标的综合权重为：

$$D_{C2}^{*}=(r_{D4},\ r_{D5},\ r_{D6},\ r_{D7})^{T}=(0.409,\ 0.208,\ 0.117,\ 0.226)^{T} \tag{5-51}$$

（3）针对工业节水评价 C_3，各三级评价指标的综合权重为：

$$D_{C3}^{*}=(r_{D8},\ r_{D9},\ r_{D10})^{T}=(0.473,\ 0.287,\ 0.24)^{T} \tag{5-52}$$

（4）针对生活节水评价 C_4，各三级评价指标的综合权重为：

$$D_{C4}^{*}=(r_{D11},\ r_{D12},\ r_{D13},\ r_{D14})^{T}=(0.202,\ 0.127,\ 0.38,\ 0.291)^{T} \tag{5-53}$$

（5）针对节水管理评价 C_5，各三级评价指标的综合权重为：

$$D_{C5}^{*}=(r_{D15},\ r_{D16},\ r_{D17},\ r_{D18},\ r_{D19})^{T}=(0.172,\ 0.156,\ 0.254,\ 0.115,\ 0.303)^{T} \tag{5-54}$$

（6）针对生态建设评价 C_6，各三级评价指标的综合权重为：

$$D_{C6}^{*}=(r_{D20},\ r_{D21},\ r_{D22},\ r_{D23})^{T}=(0.368,\ 0.224,\ 0.25,\ 0.158)^{T} \tag{5-55}$$

（7）针对生态治理评价 C_7，各三级评价指标的综合权重为：

$$D_{C7}^{*}=(r_{D24},\ r_{D25})^{T}=(0.5,\ 0.5)^{T} \tag{5-56}$$

（8）针对经济发展评价 C_8，各三级评价指标的综合权重为：

$$D_{C8}^{*}=(r_{D26},\ r_{D27},\ r_{D28})^{T}=(0.48,\ 0.182,\ 0.338)^{T} \tag{5-57}$$

5.3.4.2 二级评价指标综合权重的确定（针对总目标 A）

在5.3.3节中已经求出针对总目标A，各三级评价指标的综合权重，现在根据式（4-8）计算针对总目标A，各二级评价指标的综合权重。

$$\begin{aligned}
R_{C1} &= \sum_{i=1}^{3} R_{Di}\\
R_{C2} &= \sum_{i=4}^{7} R_{Di}\\
R_{C3} &= \sum_{i=8}^{10} R_{Di}\\
R_{C4} &= \sum_{i=11}^{14} R_{Di}\\
R_{C5} &= \sum_{i=15}^{19} R_{Di}\\
R_{C6} &= \sum_{i=20}^{23} R_{Di}\\
R_{C7} &= \sum_{i=24}^{25} R_{Di}\\
R_{C8} &= \sum_{i=26}^{28} R_{Di}
\end{aligned} \tag{4-8}$$

因此：

$$\begin{aligned}
R_{C1} &= R_{D1}+R_{D2}+R_{D3}=0.16\\
R_{C2} &= R_{D4}+R_{D5}+R_{D6}+R_{D7}=0.154\\
R_{C3} &= R_{D8}+R_{D9}+R_{D10}=0.167\\
R_{C4} &= R_{D11}+R_{D12}+R_{D13}+R_{D14}=0.158\\
R_{C5} &= R_{D15}+R_{D16}+R_{D17}+R_{D18}+R_{D19}=0.122\\
R_{C6} &= R_{D20}+R_{D21}+R_{D22}+R_{D23}=0.076\\
R_{C7} &= R_{D24}+R_{D25}=0.086\\
R_{C8} &= R_{D26}+R_{D27}+R_{D28}=0.077
\end{aligned} \tag{5-58}$$

所以，针对总目标A，各二级评价指标的综合权重为：

$$R_C = (R_{C1}, R_{C2}, R_{C3}, R_{C4}, R_{C5}, R_{C6}, R_{C7}, R_{C8})^T = (0.16, 0.154, 0.167, 0.158, 0.122, 0.076, 0.086, 0.077)^T \tag{5-59}$$

5.3.4.3 二级评价指标综合权重的确定（针对其上一层次目标）

上面已经求出针对总目标A，各二级评价指标的综合权重，现在根据式（4-9）计算针对上一层次目标B，各二级评价指标的综合权重。

$$r_{Ci} = \frac{R_{Ci}}{\sum_{i=1}^{5} R_{Ci}} (i = 1, 2, 3, 4, 5)$$

$$r_{Ci} = \frac{R_{Ci}}{\sum_{i=6}^{7} R_{Ci}} (i = 6, 7)$$

$$r_{C8} = 1 \tag{4-9}$$

因此，针对B_1：

$$r_{C1} = \frac{R_{C1}}{R_{C1} + R_{C2} + R_{C3} + R_{C4} + R_{C5}} = 0.21$$

$$r_{C2} = \frac{R_{C2}}{R_{C1} + R_{C2} + R_{C3} + R_{C4} + R_{C5}} = 0.202$$

$$r_{C3} = \frac{R_{C3}}{R_{C1} + R_{C2} + R_{C3} + R_{C4} + R_{C5}} = 0.22$$

$$r_{C4} = \frac{R_{C4}}{R_{C1} + R_{C2} + R_{C3} + R_{C4} + R_{C5}} = 0.208$$

$$r_{C5} = \frac{R_{C5}}{R_{C1} + R_{C2} + R_{C3} + R_{C4} + R_{C5}} = 0.16 \tag{5-60}$$

针对B_2：

$$r_{C6} = \frac{R_{C6}}{R_{C6} + R_{C7}} = 0.469$$

$$r_{C7} = \frac{R_{C7}}{R_{C6} + R_{C7}} = 0.531 \tag{5-61}$$

针对B_3：

$$r_{C8}=1 \tag{5-62}$$

所以，针对上一层次目标 B，各二级评价指标的综合权重为：

（1）针对水资源子系统 B_1，各二级评价指标的综合权重为：

$$C_{B1}^{*}=(r_{C1},\ r_{C2},\ r_{C3},\ r_{C4},\ r_{C5})^{T}=(0.21,\ 0.202,\ 0.22,\ 0.208,\ 0.16)^{T} \tag{5-63}$$

（2）针对生态环境子系统 B_2，各二级评价指标的综合权重为：

$$C_{B2}^{*}=(r_{C6},\ r_{C7})^{T}=(0.469,\ 0.531)^{T} \tag{5-64}$$

（3）针对经济社会子系统 B_3，各二级评价指标的综合权重为：

$$C_{B3}^{*}=r_{C8}=1 \tag{5-65}$$

5.3.4.4 一级评价指标综合权重的确定（针对总目标 A，即其上一层次目标）

上面已经求出针对总目标 A，各二级评价指标的综合权重，现在根据式（4－10）计算针对总目标 A，即其上一层次目标，各一级评价指标的综合权重。

$$\begin{aligned} r_{B1} &= R_{B1} = \sum_{i=1}^{5} R_{Ci} \\ r_{B2} &= R_{B2} = \sum_{i=6}^{7} R_{Ci} \\ r_{B3} &= R_{B3} = R_{C8} \end{aligned} \tag{4-10}$$

因此：

$$\begin{aligned} r_{B1} &= R_{B1} = R_{C1}+R_{C2}+R_{C3}+R_{C4}+R_{C5}=0.761 \\ r_{B2} &= R_{B2} = R_{C6}+R_{C7}=0.162 \\ r_{B3} &= R_{B3}=0.077 \end{aligned} \tag{5-66}$$

所以，针对总目标 A，即其上一层次目标，各一级评价指标的综合权重为：

$$R_{B}=(R_{B1},\ R_{B2},\ R_{B3})^{T}=(r_{B1},\ r_{B2},\ r_{B3})^{T}=(0.761,\ 0.162,\ 0.077)^{T} \tag{5-67}$$

综合上述数据，可得各级评价指标的综合权重（针对其上一层次目标）（见表 5－8）。

表5-8 节水型社会建设各级评价指标综合权重值

目标层	准则层	要素层	指标层	综合权重
节水型社会建设水平综合评价（A）	水资源系统（B_1）0.761	综合节水（C_1）0.21	万元GDP用水量（D_1）	0.488
			万元GDP用水量下降率（D_2）	0.187
			人均用水量（D_3）	0.325
		农业节水（C_2）0.202	单方水粮食产量（D_4）	0.409
			农田灌溉亩均用水量（D_5）	0.208
			灌溉水利用系数（D_6）	0.117
			节水灌溉工程面积率（D_7）	0.226
		工业节水（C_3）0.22	万元工业产值用水量（D_8）	0.473
			工业用水重复利用率（D_9）	0.287
			工业废水处理回用率（D_{10}）	0.240
		生活节水（C_4）0.208	城镇居民人均生活用水量（D_{11}）	0.202
			农村居民人均生活用水量（D_{12}）	0.127
			供水管网漏损率（D_{13}）	0.380
			节水器具普及率（D_{14}）	0.291
		节水管理（C_5）0.16	管理体制与管理机构（D_{15}）	0.172
			节水型建设规划（D_{16}）	0.156
			促进节水防污的水价机制（D_{17}）	0.254
			节水投入保障（D_{18}）	0.115
			节水宣传（D_{19}）	0.303
	生态环境系统（B_2）0.162	生态建设（C_6）0.469	水功能区水质达标率（D_{20}）	0.368
			森林覆盖率（D_{21}）	0.224
			建成区绿化覆盖率（D_{22}）	0.250
			生态用水比例（D_{23}）	0.158
		生态治理（C_7）0.531	工业废水达标排放率（D_{24}）	0.500
			城市生活污水处理率（D_{25}）	0.500
	经济社会系统（B_3）0.077	经济发展（C_8）1	人均GDP（D_{26}）	0.480
			GDP增长率（D_{27}）	0.182
			第一产业增加值比重（D_{28}）	0.338

5.4 我国节水型社会建设评价结果

5.4.1 节水型社会子系统评价指数

5.4.1.1 水资源子系统评价指数

第4章4.3.5.2节建立的水资源子系统评价模型为：

$$B_1 = \sum_{i=1}^{5} r_{Ci} C_i \tag{4-12}$$

其中：

$$C_1 = \sum_{i=1}^{3} r_{Di} d_i$$

$$C_2 = \sum_{i=4}^{7} r_{Di} d_i$$

$$C_3 = \sum_{i=8}^{10} r_{Di} d_i$$

$$C_4 = \sum_{i=11}^{14} r_{Di} d_i$$

$$C_5 = \sum_{i=15}^{19} r_{Di} d_i \tag{4-13}$$

现根据式（4－12）和式（4－13）计算2001～2010年水资源子系统的评价指数。

（1）针对2001年：

$$C_1 = r_{D1} d_1 + r_{D2} d_2 + r_{D3} d_3$$
$$= 0.488 \times 0 + 0.187 \times 0.667 + 0.325 \times 0.368 = 0.244$$

$$C_2 = r_{D4} d_4 + r_{D5} d_5 + r_{D6} d_6 + r_{D7} d_7$$
$$= 0.409 \times 0 + 0.208 \times 0 + 0.117 \times 0 + 0.226 \times 0 = 0$$

$$C_3 = r_{D8} d_8 + r_{D9} d_9 + r_{D10} d_{10}$$
$$= 0.473 \times 0 + 0.287 \times 0 + 0.24 \times 0 = 0$$

$$C_4 = r_{D11} d_{11} + r_{D12} d_{12} + r_{D13} d_{13} + r_{D14} d_{14}$$
$$= 0.202 \times 0.038 + 0.127 \times 0.077 + 0.38 \times 0 + 0.291 \times 0 = 0.017$$

$$C_5 = r_{D15}d_{15} + r_{D16}d_{16} + r_{D17}d_{17} + r_{D18}d_{18} + r_{D19}d_{19}$$
$$= 0.172 \times 0 + 0.156 \times 0 + 0.254 \times 0 + 0.115 \times 0 + 0.303 \times 0 = 0 \quad (5-68)$$

因此：

$$B_1 = r_{C1}C_1 + r_{C2}C_2 + r_{C3}C_3 + r_{C4}C_4 + r_{C5}C_5$$
$$= 0.21 \times 0.244 + 0.202 \times 0 + 0.22 \times 0 + 0.208 \times 0.017 + 0.16 \times 0$$
$$= 0.055 \quad (5-69)$$

（2）针对2002年：

$$C_1 = r_{D1}d_1 + r_{D2}d_2 + r_{D3}d_3$$
$$= 0.488 \times 0.1 + 0.187 \times 0 + 0.325 \times 0.579 = 0.237$$

$$C_2 = r_{D4}d_4 + r_{D5}d_5 + r_{D6}d_6 + r_{D7}d_7$$
$$= 0.409 \times 0.195 + 0.208 \times 0.241 + 0.117 \times 0.084 + 0.226 \times 0.137$$
$$= 0.171$$

$$C_3 = r_{D8}d_8 + r_{D9}d_9 + r_{D10}d_{10}$$
$$= 0.473 \times 0.152 + 0.287 \times 0.118 + 0.24 \times 0.093 = 0.128$$

$$C_4 = r_{D11}d_{11} + r_{D12}d_{12} + r_{D13}d_{13} + r_{D14}d_{14}$$
$$= 0.202 \times 0 + 0.127 \times 0 + 0.38 \times 0.234 + 0.291 \times 0.132 = 0.127$$

$$C_5 = r_{D15}d_{15} + r_{D16}d_{16} + r_{D17}d_{17} + r_{D18}d_{18} + r_{D19}d_{19}$$
$$= 0.172 \times 0.052 + 0.156 \times 0.048 + 0.254 \times 0.034 + 0.115 \times 0.017 + 0.303 \times 0.035$$
$$= 0.038 \quad (5-70)$$

因此：

$$B_1 = r_{C1}C_1 + r_{C2}C_2 + r_{C3}C_3 + r_{C4}C_4 + r_{C5}C_5$$
$$= 0.21 \times 0.237 + 0.202 \times 0.171 + 0.22 \times 0.128 + 0.208 \times 0.127 + 0.16 \times 0.038$$
$$= 0.145 \quad (5-71)$$

（3）针对2003年：

$$C_1 = r_{D1}d_1 + r_{D2}d_2 + r_{D3}d_3$$
$$= 0.488 \times 0.307 + 0.187 \times 0.333 + 0.325 \times 1 = 0.537$$

$$C_2 = r_{D4}d_4 + r_{D5}d_5 + r_{D6}d_6 + r_{D7}d_7$$

$$=0.409\times0.327+0.208\times0.845+0.117\times0.208+0.226\times0.245$$

$$=0.389$$

$$C_3=r_{D8}d_8+r_{D9}d_9+r_{D10}d_{10}$$

$$=0.473\times0.258+0.287\times0.18+0.24\times0.197=0.221$$

$$C_4=r_{D11}d_{11}+r_{D12}d_{12}+r_{D13}d_{13}+r_{D14}d_{14}$$

$$=0.202\times0.269+0.127\times1+0.38\times0.356+0.291\times0.206=0.377$$

$$C_5=r_{D15}d_{15}+r_{D16}d_{16}+r_{D17}d_{17}+r_{D18}d_{18}+r_{D19}d_{19}$$

$$=0.172\times0.172+0.156\times0.19+0.254\times0.169+0.115\times0.15+0.303\times0.228$$

$$=0.188 \tag{5-72}$$

因此：

$$B_1=r_{C1}C_1+r_{C2}C_2+r_{C3}C_3+r_{C4}C_4+r_{C5}C_5$$

$$=0.21\times0.537+0.202\times0.389+0.22\times0.221+0.208\times0.377+0.16\times0.188$$

$$=0.348 \tag{5-73}$$

（4）针对2004年：

$$C_1=r_{D1}d_1+r_{D2}d_2+r_{D3}d_3$$

$$=0.488\times0.421+0.187\times0+0.325\times0.605=0.402$$

$$C_2=r_{D4}d_4+r_{D5}d_5+r_{D6}d_6+r_{D7}d_7$$

$$=0.409\times0.406+0.208\times0.5+0.117\times0.257+0.226\times0.345$$

$$=0.378$$

$$C_3=r_{D8}d_8+r_{D9}d_9+r_{D10}d_{10}$$

$$=0.473\times0.404+0.287\times0.286+0.24\times0.275=0.339$$

$$C_4=r_{D11}d_{11}+r_{D12}d_{12}+r_{D13}d_{13}+r_{D14}d_{14}$$

$$=0.202\times0.269+0.127\times1+0.38\times0.396+0.291\times0.304=0.42$$

$$C_5=r_{D15}d_{15}+r_{D16}d_{16}+r_{D17}d_{17}+r_{D18}d_{18}+r_{D19}d_{19}$$

$$=0.172\times0.259+0.156\times0.365+0.254\times0.373+0.115\times0.3+0.303\times0.298$$

$$=0.321 \tag{5-74}$$

因此：

$$
\begin{aligned}
B_1 &= r_{C1}C_1 + r_{C2}C_2 + r_{C3}C_3 + r_{C4}C_4 + r_{C5}C_5 \\
&= 0.21 \times 0.402 + 0.202 \times 0.378 + 0.22 \times 0.339 + 0.208 \times 0.42 + 0.16 \\
&\quad \times 0.321 \\
&= 0.374 \qquad (5-75)
\end{aligned}
$$

（5）针对2005年：

$$
\begin{aligned}
C_1 &= r_{D1}d_1 + r_{D2}d_2 + r_{D3}d_3 \\
&= 0.488 \times 0.642 + 0.187 \times 0.267 + 0.325 \times 0.474 = 0.517
\end{aligned}
$$

$$
\begin{aligned}
C_2 &= r_{D4}d_4 + r_{D5}d_5 + r_{D6}d_6 + r_{D7}d_7 \\
&= 0.409 \times 0.474 + 0.208 \times 0.534 + 0.117 \times 0.389 + 0.226 \times 0.453 \\
&= 0.453
\end{aligned}
$$

$$
\begin{aligned}
C_3 &= r_{D8}d_8 + r_{D9}d_9 + r_{D10}d_{10} \\
&= 0.473 \times 0.571 + 0.287 \times 0.342 + 0.24 \times 0.413 = 0.467
\end{aligned}
$$

$$
\begin{aligned}
C_4 &= r_{D11}d_{11} + r_{D12}d_{12} + r_{D13}d_{13} + r_{D14}d_{14} \\
&= 0.202 \times 0.308 + 0.127 \times 1 + 0.38 \times 0.428 + 0.291 \times 0.399 = 0.468
\end{aligned}
$$

$$
\begin{aligned}
C_5 &= r_{D15}d_{15} + r_{D16}d_{16} + r_{D17}d_{17} + r_{D18}d_{18} + r_{D19}d_{19} \\
&= 0.172 \times 0.466 + 0.156 \times 0.524 + 0.254 \times 0.492 + 0.115 \times 0.467 + \\
&\quad 0.303 \times 0.561 \\
&= 0.511 \qquad (5-76)
\end{aligned}
$$

因此：

$$
\begin{aligned}
B_1 &= r_{C1}C_1 + r_{C2}C_2 + r_{C3}C_3 + r_{C4}C_4 + r_{C5}C_5 \\
&= 0.21 \times 0.517 + 0.202 \times 0.453 + 0.22 \times 0.467 + 0.208 \times 0.468 + 0.16 \\
&\quad \times 0.511 \\
&= 0.482 \qquad (5-77)
\end{aligned}
$$

（6）针对2006年：

$$
\begin{aligned}
C_1 &= r_{D1}d_1 + r_{D2}d_2 + r_{D3}d_3 \\
&= 0.488 \times 0.716 + 0.187 \times 0 + 0.325 \times 0.211 = 0.418
\end{aligned}
$$

$$
\begin{aligned}
C_2 &= r_{D4}d_4 + r_{D5}d_5 + r_{D6}d_6 + r_{D7}d_7 \\
&= 0.409 \times 0.541 + 0.208 \times 0.517 + 0.117 \times 0.535 + 0.226 \times 0.568 \\
&= 0.52
\end{aligned}
$$

$$
\begin{aligned}
C_3 &= r_{D8}d_8 + r_{D9}d_9 + r_{D10}d_{10} \\
&= 0.473 \times 0.64 + 0.287 \times 0.683 + 0.24 \times 0.646 = 0.654 \\
C_4 &= r_{D11}d_{11} + r_{D12}d_{12} + r_{D13}d_{13} + r_{D14}d_{14} \\
&= 0.202 \times 0.269 + 0.127 \times 0.962 + 0.38 \times 0.459 + 0.291 \times 0.528 \\
&= 0.505 \\
C_5 &= r_{D15}d_{15} + r_{D16}d_{16} + r_{D17}d_{17} + r_{D18}d_{18} + r_{D19}d_{19} \\
&= 0.172 \times 0.517 + 0.156 \times 0.571 + 0.254 \times 0.525 + 0.115 \times 0.5 \\
&\quad + 0.303 \times 0.579 \\
&= 0.544
\end{aligned} \tag{5-78}
$$

因此：

$$
\begin{aligned}
B_1 &= r_{C1}C_1 + r_{C2}C_2 + r_{C3}C_3 + r_{C4}C_4 + r_{C5}C_5 \\
&= 0.21 \times 0.418 + 0.202 \times 0.52 + 0.22 \times 0.654 + 0.208 \times 0.505 + 0.16 \\
&\quad \times 0.544 \\
&= 0.524
\end{aligned} \tag{5-79}
$$

（7）针对2007年：

$$
\begin{aligned}
C_1 &= r_{D1}d_1 + r_{D2}d_2 + r_{D3}d_3 \\
&= 0.488 \times 0.816 + 0.187 \times 1 + 0.325 \times 0.211 = 0.654 \\
C_2 &= r_{D4}d_4 + r_{D5}d_5 + r_{D6}d_6 + r_{D7}d_7 \\
&= 0.409 \times 0.673 + 0.208 \times 0.776 + 0.117 \times 0.558 + 0.226 \times 0.669 \\
&= 0.653 \\
C_3 &= r_{D8}d_8 + r_{D9}d_9 + r_{D10}d_{10} \\
&= 0.473 \times 0.77 + 0.287 \times 0.77 + 0.24 \times 0.711 = 0.756 \\
C_4 &= r_{D11}d_{11} + r_{D12}d_{12} + r_{D13}d_{13} + r_{D14}d_{14} \\
&= 0.202 \times 0.308 + 0.127 \times 0.885 + 0.38 \times 0.507 + 0.291 \times 0.715 \\
&= 0.575 \\
C_5 &= r_{D15}d_{15} + r_{D16}d_{16} + r_{D17}d_{17} + r_{D18}d_{18} + r_{D19}d_{19} \\
&= 0.172 \times 0.638 + 0.156 \times 0.683 + 0.254 \times 0.627 + 0.115 \times 0.633 \\
&\quad + 0.303 \times 0.684 \\
&= 0.656
\end{aligned} \tag{5-80}
$$

因此：

$$B_1 = r_{C1}C_1 + r_{C2}C_2 + r_{C3}C_3 + r_{C4}C_4 + r_{C5}C_5$$
$$= 0.21 \times 0.654 + 0.202 \times 0.653 + 0.22 \times 0.756 + 0.208 \times 0.575 + 0.16 \times 0.656$$
$$= 0.660 \tag{5-81}$$

（8）针对2008年：

$$C_1 = r_{D1}d_1 + r_{D2}d_2 + r_{D3}d_3$$
$$= 0.488 \times 0.9 + 0.187 \times 0 + 0.325 \times 0.105 = 0.473$$

$$C_2 = r_{D4}d_4 + r_{D5}d_5 + r_{D6}d_6 + r_{D7}d_7$$
$$= 0.409 \times 0.857 + 0.208 \times 0.759 + 0.117 \times 0.606 + 0.226 \times 0.748$$
$$= 0.748$$

$$C_3 = r_{D8}d_8 + r_{D9}d_9 + r_{D10}d_{10}$$
$$= 0.473 \times 0.899 + 0.287 \times 0.882 + 0.24 \times 0.801 = 0.871$$

$$C_4 = r_{D11}d_{11} + r_{D12}d_{12} + r_{D13}d_{13} + r_{D14}d_{14}$$
$$= 0.202 \times 0.269 + 0.127 \times 0.846 + 0.38 \times 0.703 + 0.291 \times 0.813$$
$$= 0.666$$

$$C_5 = r_{D15}d_{15} + r_{D16}d_{16} + r_{D17}d_{17} + r_{D18}d_{18} + r_{D19}d_{19}$$
$$= 0.172 \times 0.741 + 0.156 \times 0.714 + 0.254 \times 0.712 + 0.115 \times 0.683 + 0.303 \times 0.719$$
$$= 0.716 \tag{5-82}$$

因此：

$$B_1 = r_{C1}C_1 + r_{C2}C_2 + r_{C3}C_3 + r_{C4}C_4 + r_{C5}C_5$$
$$= 0.21 \times 0.473 + 0.202 \times 0.748 + 0.22 \times 0.871 + 0.208 \times 0.666 + 0.16 \times 0.716$$
$$= 0.695 \tag{5-83}$$

（9）针对2009年：

$$C_1 = r_{D1}d_1 + r_{D2}d_2 + r_{D3}d_3$$
$$= 0.488 \times 0.935 + 0.187 \times 0 + 0.325 \times 0.053 = 0.474$$

$$C_2 = r_{D4}d_4 + r_{D5}d_5 + r_{D6}d_6 + r_{D7}d_7$$
$$= 0.409 \times 0.793 + 0.208 \times 0.828 + 0.117 \times 0.77 + 0.226 \times 0.871$$
$$= 0.783$$

$$C_3 = r_{D8}d_8 + r_{D9}d_9 + r_{D10}d_{10}$$
$$= 0.473 \times 0.927 + 0.287 \times 0.957 + 0.24 \times 0.888 = 0.926$$

$$C_4 = r_{D11}d_{11} + r_{D12}d_{12} + r_{D13}d_{13} + r_{D14}d_{14}$$
$$= 0.202 \times 0.269 + 0.127 \times 0.808 + 0.38 \times 0.97 + 0.291 \times 0.942$$
$$= 0.800$$

$$C_5 = r_{D15}d_{15} + r_{D16}d_{16} + r_{D17}d_{17} + r_{D18}d_{18} + r_{D19}d_{19}$$
$$= 0.172 \times 0.914 + 0.156 \times 0.841 + 0.254 \times 0.831 + 0.115 \times 0.833$$
$$+ 0.303 \times 0.947$$
$$= 0.882 \qquad (5-84)$$

因此：

$$B_1 = r_{C1}C_1 + r_{C2}C_2 + r_{C3}C_3 + r_{C4}C_4 + r_{C5}C_5$$
$$= 0.21 \times 0.474 + 0.202 \times 0.783 + 0.22 \times 0.926 + 0.208 \times 0.800 + 0.16$$
$$\times 0.882$$
$$= 0.768 \qquad (5-85)$$

（10）针对 2010 年：

$$C_1 = r_{D1}d_1 + r_{D2}d_2 + r_{D3}d_3$$
$$= 0.488 \times 1 + 0.187 \times 0.667 + 0.325 \times 0 = 0.613$$

$$C_2 = r_{D4}d_4 + r_{D5}d_5 + r_{D6}d_6 + r_{D7}d_7$$
$$= 0.409 \times 1 + 0.208 \times 1 + 0.117 \times 1 + 0.226 \times 1 = 1$$

$$C_3 = r_{D8}d_8 + r_{D9}d_9 + r_{D10}d_{10}$$
$$= 0.473 \times 1 + 0.287 \times 1 + 0.24 \times 1 = 1$$

$$C_4 = r_{D11}d_{11} + r_{D12}d_{12} + r_{D13}d_{13} + r_{D14}d_{14}$$
$$= 0.202 \times 1 + 0.127 \times 0.423 + 0.38 \times 1 + 0.291 \times 1 = 0.927$$

$$C_5 = r_{D15}d_{15} + r_{D16}d_{16} + r_{D17}d_{17} + r_{D18}d_{18} + r_{D19}d_{19}$$
$$= 0.172 \times 1 + 0.156 \times 1 + 0.254 \times 1 + 0.115 \times 1 + 0.303 \times 1 = 1$$
$$(5-86)$$

因此：

$$B_1 = r_{C1}C_1 + r_{C2}C_2 + r_{C3}C_3 + r_{C4}C_4 + r_{C5}C_5$$
$$= 0.21 \times 0.613 + 0.202 \times 1 + 0.22 \times 1 + 0.208 \times 0.927 + 0.16 \times 1$$
$$= 0.904 \qquad (5-87)$$

现将上述2001～2010年水资源子系统评价指数的计算结果综合（见表5－9）。

表5－9 水资源子系统评价指数

系数	2001年	2002年	2003年	2004年	2005年	2006年	2007年	2008年	2009年	2010年
C_1	0.244	0.237	0.537	0.402	0.517	0.418	0.654	0.473	0.474	0.613
C_2	0	0.171	0.389	0.378	0.453	0.520	0.653	0.748	0.783	1.000
C_3	0	0.128	0.221	0.339	0.467	0.654	0.756	0.871	0.926	1.000
C_4	0.017	0.127	0.377	0.420	0.468	0.505	0.575	0.666	0.800	0.927
C_5	0	0.038	0.188	0.321	0.511	0.544	0.656	0.716	0.882	1.000
B_1	0.055	0.145	0.348	0.374	0.482	0.524	0.660	0.695	0.768	0.904
阶段	起步	起步	起步	初级	初级	初级	中等	中等	良好	良好

5.4.1.2 生态环境子系统评价指数

第4章4.3.5.3节中建立的生态环境子系统评价模型为：

$$B_2 = \sum_{i=6}^{7} r_{Ci} C_i \qquad (4-14)$$

其中：

$$C_6 = \sum_{i=20}^{23} r_{Di} d_i$$

$$C_7 = \sum_{i=24}^{25} r_{Di} d_i \qquad (4-15)$$

现根据式（4－14）和式（4－15）计算2001～2010年生态环境子系统的评价指数。

（1）针对2001年：

$$C_6 = r_{D20} d_{20} + r_{D21} d_{21} + r_{D22} d_{22} + r_{D23} d_{23}$$
$$= 0.368 \times 0 + 0.224 \times 0 + 0.25 \times 0 + 0.158 \times 0 = 0$$

$$C_7 = r_{D24} d_{24} + r_{D25} d_{25}$$
$$= 0.5 \times 0 + 0.5 \times 0 = 0 \qquad (5-88)$$

因此：

$$B_2 = r_{C6} C_6 + r_{C7} C_7 = 0.469 \times 0 + 0.531 \times 0 = 0 \qquad (5-89)$$

（2）针对2002年：

$$C_6 = r_{D20}d_{20} + r_{D21}d_{21} + r_{D22}d_{22} + r_{D23}d_{23}$$
$$= 0.368 \times 0.05 + 0.224 \times 0 + 0.25 \times 0.137 + 0.158 \times 0.085 = 0.066$$

$$C_7 = r_{D24}d_{24} + r_{D25}d_{25}$$
$$= 0.5 \times 0.278 + 0.5 \times 0.07 = 0.174 \quad (5-90)$$

因此：

$$B_2 = r_{C6}C_6 + r_{C7}C_7 = 0.469 \times 0.066 + 0.531 \times 0.174 = 0.123 \quad (5-91)$$

（3）针对2003年：

$$C_6 = r_{D20}d_{20} + r_{D21}d_{21} + r_{D22}d_{22} + r_{D23}d_{23}$$
$$= 0.368 \times 0.216 + 0.224 \times 0 + 0.25 \times 0.27 + 0.158 \times 0.24 = 0.185$$

$$C_7 = r_{D24}d_{24} + r_{D25}d_{25}$$
$$= 0.5 \times 0.371 + 0.5 \times 0.134 = 0.253 \quad (5-92)$$

因此：

$$B_2 = r_{C6}C_6 + r_{C7}C_7 = 0.469 \times 0.185 + 0.531 \times 0.253 = 0.221 \quad (5-93)$$

（4）针对2004年：

$$C_6 = r_{D20}d_{20} + r_{D21}d_{21} + r_{D22}d_{22} + r_{D23}d_{23}$$
$$= 0.368 \times 0.345 + 0.224 \times 0.436 + 0.25 \times 0.318 + 0.158 \times 0.217$$
$$= 0.338$$

$$C_7 = r_{D24}d_{24} + r_{D25}d_{25}$$
$$= 0.5 \times 0.526 + 0.5 \times 0.254 = 0.39 \quad (5-94)$$

因此：

$$B_2 = r_{C6}C_6 + r_{C7}C_7 = 0.469 \times 0.338 + 0.531 \times 0.39 = 0.366 \quad (5-95)$$

（5）针对2005年：

$$C_6 = r_{D20}d_{20} + r_{D21}d_{21} + r_{D22}d_{22} + r_{D23}d_{23}$$
$$= 0.368 \times 0.453 + 0.224 \times 0.436 + 0.25 \times 0.416 + 0.158 \times 0.461$$
$$= 0.441$$

$$C_7 = r_{D24}d_{24} + r_{D25}d_{25}$$
$$= 0.5 \times 0.577 + 0.5 \times 0.347 = 0.462 \quad (5-96)$$

因此：

$$B_2 = r_{C6}C_6 + r_{C7}C_7 = 0.469 \times 0.441 + 0.531 \times 0.462 = 0.452 \quad (5-97)$$

（6）针对2006年：

$$C_6 = r_{D20}d_{20} + r_{D21}d_{21} + r_{D22}d_{22} + r_{D23}d_{23}$$
$$= 0.368 \times 0.489 + 0.224 \times 0.436 + 0.25 \times 0.657 + 0.158 \times 0.39$$
$$= 0.503$$

$$C_7 = r_{D24}d_{24} + r_{D25}d_{25}$$
$$= 0.5 \times 0.67 + 0.5 \times 0.465 = 0.568 \tag{5-98}$$

因此：

$$B_2 = r_{C6}C_6 + r_{C7}C_7 = 0.469 \times 0.503 + 0.531 \times 0.568 = 0.538 \tag{5-99}$$

（7）针对2007年：

$$C_6 = r_{D20}d_{20} + r_{D21}d_{21} + r_{D22}d_{22} + r_{D23}d_{23}$$
$$= 0.368 \times 0.583 + 0.224 \times 0.436 + 0.25 \times 0.676 + 0.158 \times 0.702$$
$$= 0.592$$

$$C_7 = r_{D24}d_{24} + r_{D25}d_{25}$$
$$= 0.5 \times 0.629 + 0.5 \times 0.563 = 0.596 \tag{5-100}$$

因此：

$$B_2 = r_{C6}C_6 + r_{C7}C_7 = 0.469 \times 0.592 + 0.531 \times 0.596 = 0.594 \tag{5-101}$$

（8）针对2008年：

$$C_6 = r_{D20}d_{20} + r_{D21}d_{21} + r_{D22}d_{22} + r_{D23}d_{23}$$
$$= 0.368 \times 0.676 + 0.224 \times 0.436 + 0.25 \times 0.882 + 0.158 \times 1 = 0.725$$

$$C_7 = r_{D24}d_{24} + r_{D25}d_{25}$$
$$= 0.5 \times 0.701 + 0.5 \times 0.715 = 0.708 \tag{5-102}$$

因此：

$$B_2 = r_{C6}C_6 + r_{C7}C_7 = 0.469 \times 0.725 + 0.531 \times 0.708 = 0.716 \tag{5-103}$$

（9）针对2009年：

$$C_6 = r_{D20}d_{20} + r_{D21}d_{21} + r_{D22}d_{22} + r_{D23}d_{23}$$
$$= 0.368 \times 1 + 0.224 \times 1 + 0.25 \times 0.961 + 0.158 \times 0.574 = 0.923$$

$$C_7 = r_{D24}d_{24} + r_{D25}d_{25}$$
$$= 0.5 \times 0.887 + 0.5 \times 0.824 = 0.856 \tag{5-104}$$

因此：

$$B_2 = r_{C6}C_6 + r_{C7}C_7 = 0.469 \times 0.923 + 0.531 \times 0.856 = 0.887 \tag{5-105}$$

（10）针对2010年：

$$C_6 = r_{D20}d_{20} + r_{D21}d_{21} + r_{D22}d_{22} + r_{D23}d_{23}$$
$$= 0.368 \times 0.899 + 0.224 \times 1 + 0.25 \times 1 + 0.158 \times 0.943 = 0.954$$
$$C_7 = r_{D24}d_{24} + r_{D25}d_{25}$$
$$= 0.5 \times 1 + 0.5 \times 1 = 1 \quad (5-106)$$

因此：

$$B_2 = r_{C6}C_6 + r_{C7}C_7 = 0.469 \times 0.954 + 0.531 \times 1 = 0.978 \quad (5-107)$$

现将上述2001～2010年生态环境子系统评价指数的计算结果（见表5－10）。

表5－10　　生态环境子系统评价指数

系数	2001年	2002年	2003年	2004年	2005年	2006年	2007年	2008年	2009年	2010年
C_6	0	0.066	0.185	0.338	0.441	0.503	0.592	0.725	0.923	0.954
C_7	0	0.174	0.253	0.390	0.462	0.568	0.596	0.708	0.856	1.000
B_2	0	0.123	0.221	0.366	0.452	0.538	0.594	0.716	0.887	0.978
阶段	起步	起步	起步	初级	初级	初级	中等	中等	良好	优良

5.4.1.3　经济社会子系统评价指数

第4章4.3.5.4节中建立的经济社会子系统评价模型为：

$$B_3 = C_8 = \sum_{i=26}^{28} r_{Di}d_i \quad (4-16)$$

现根据式（4－16）计算2001～2010年经济社会子系统的评价指数。

（1）针对2001年：

$$C_8 = r_{D26}d_{26} + r_{D27}d_{27} + r_{D28}d_{28}$$
$$= 0.48 \times 0 + 0.182 \times 0 + 0.338 \times 0 = 0 \quad (5-108)$$

因此：

$$B_3 = C_8 = 0 \quad (5-109)$$

（2）针对2002年：

$$C_8 = r_{D26}d_{26} + r_{D27}d_{27} + r_{D28}d_{28}$$
$$= 0.48 \times 0.038 + 0.182 \times 0.136 + 0.338 \times 0.14 = 0.090 \quad (5-110)$$

因此：

$$B_3 = C_8 = 0.090 \quad (5-111)$$

（3）针对2003年：

$$C_8 = r_{D26}d_{26} + r_{D27}d_{27} + r_{D28}d_{28}$$
$$= 0.48 \times 0.09 + 0.182 \times 0.288 + 0.338 \times 0.08 = 0.123 \quad (5-112)$$

因此：

$$B_3 = C_8 = 0.123 \quad (5-113)$$

（4）针对2004年：

$$C_8 = r_{D26}d_{26} + r_{D27}d_{27} + r_{D28}d_{28}$$
$$= 0.48 \times 0.175 + 0.182 \times 0.305 + 0.338 \times 0 = 0.14 \quad (5-114)$$

因此：

$$B_3 = C_8 = 0.14 \quad (5-115)$$

（5）针对2005年：

$$C_8 = r_{D26}d_{26} + r_{D27}d_{27} + r_{D28}d_{28}$$
$$= 0.48 \times 0.265 + 0.182 \times 0.508 + 0.338 \times 0.56 = 0.409 \quad (5-116)$$

因此：

$$B_3 = C_8 = 0.409 \quad (5-117)$$

（6）针对2006年：

$$C_8 = r_{D26}d_{26} + r_{D27}d_{27} + r_{D28}d_{28}$$
$$= 0.48 \times 0.374 + 0.182 \times 0.746 + 0.338 \times 0.68 = 0.545 \quad (5-118)$$

因此：

$$B_3 = C_8 = 0.545 \quad (5-119)$$

（7）针对2007年：

$$C_8 = r_{D26}d_{26} + r_{D27}d_{27} + r_{D28}d_{28}$$
$$= 0.48 \times 0.55 + 0.182 \times 1 + 0.338 \times 0.7 = 0.683 \quad (5-120)$$

因此：

$$B_3 = C_8 = 0.683 \quad (5-121)$$

（8）针对2008年：

$$C_8 = r_{D26}d_{26} + r_{D27}d_{27} + r_{D28}d_{28}$$
$$= 0.48 \times 0.716 + 0.182 \times 0.22 + 0.338 \times 0.78 = 0.647 \quad (5-122)$$

因此：

$$B_3 = C_8 = 0.647 \tag{5-123}$$

（9）针对2009年：

$$C_8 = r_{D26}d_{26} + r_{D27}d_{27} + r_{D28}d_{28}$$

$$= 0.48 \times 0.806 + 0.182 \times 0.153 + 0.338 \times 0.92 = 0.726 \tag{5-124}$$

因此：

$$B_3 = C_8 = 0.726 \tag{5-125}$$

（10）针对2010年：

$$C_8 = r_{D26}d_{26} + r_{D27}d_{27} + r_{D28}d_{28}$$

$$= 0.48 \times 1 + 0.182 \times 0.339 + 0.338 \times 1 = 0.88 \tag{5-126}$$

因此：

$$B_3 = C_8 = 0.88 \tag{5-127}$$

现将上述2001～2010年经济社会子系统评价指数的计算结果（见表5-11）。

表5-11　　经济社会子系统评价指数

系数	2001年	2002年	2003年	2004年	2005年	2006年	2007年	2008年	2009年	2010年
C_8	0	0.090	0.123	0.140	0.409	0.545	0.683	0.647	0.726	0.88
B_3	0	0.090	0.123	0.140	0.409	0.545	0.683	0.647	0.726	0.88
阶段	起步	起步	起步	起步	初级	初级	中等	中等	中等	良好

5.4.2　节水型社会建设综合评价指数

第4章4.3.5.1节中建立的节水型社会总目标模型为：

$$A = r_{B1}B_1 + r_{B2}B_2 + r_{B3}B_3 \tag{4-11}$$

现根据式（4-11）计算2001～2010年节水型社会建设综合评价指数。

（1）针对2001年：

$$A = 0.761 \times 0.055 + 0.162 \times 0 + 0.077 \times 0 = 0.042 \tag{5-128}$$

（2）针对2002年：

$$A = 0.761 \times 0.145 + 0.162 \times 0.123 + 0.077 \times 0.090 = 0.137 \tag{5-129}$$

（3）针对2003年：

$$A = 0.761 \times 0.348 + 0.162 \times 0.221 + 0.077 \times 0.123 = 0.310 \quad (5-130)$$

（4）针对2004年：

$$A = 0.761 \times 0.374 + 0.162 \times 0.366 + 0.077 \times 0.14 = 0.355 \quad (5-131)$$

（5）针对2005年：

$$A = 0.761 \times 0.482 + 0.162 \times 0.452 + 0.077 \times 0.409 = 0.472 \quad (5-132)$$

（6）针对2006年：

$$A = 0.761 \times 0.524 + 0.162 \times 0.538 + 0.077 \times 0.545 = 0.528 \quad (5-133)$$

（7）针对2007年：

$$A = 0.761 \times 0.660 + 0.162 \times 0.594 + 0.077 \times 0.683 = 0.651 \quad (5-134)$$

（8）针对2008年：

$$A = 0.761 \times 0.695 + 0.162 \times 0.716 + 0.077 \times 0.647 = 0.695 \quad (5-135)$$

（9）针对2009年：

$$A = 0.761 \times 0.768 + 0.162 \times 0.887 + 0.077 \times 0.726 = 0.784 \quad (5-136)$$

（10）针对2010年：

$$A = 0.761 \times 0.904 + 0.162 \times 0.978 + 0.077 \times 0.88 = 0.914 \quad (5-137)$$

现将上述2001～2010年节水型社会建设综合评价指数的计算结果如表5－12所示。

表 5-12　　节水型社会建设综合评价指数

系数	2001 年	2002 年	2003 年	2004 年	2005 年	2006 年	2007 年	2008 年	2009 年	2010 年
B_1	0.055	0.145	0.348	0.374	0.482	0.524	0.660	0.695	0.768	0.904
B_2	0	0.123	0.221	0.366	0.452	0.538	0.594	0.716	0.887	0.978
B_3	0	0.090	0.123	0.140	0.409	0.545	0.683	0.647	0.726	0.880
A	0.042	0.137	0.310	0.355	0.472	0.528	0.651	0.695	0.784	0.914
阶段	起步	起步	起步	初级	初级	初级	中等	中等	良好	良好

5.4.3 我国节水型社会建设评价结果分析

从评价结果结合 5.4.1 节中节水型社会建设单项评价指标参考标准可以看出：

（1）我国节水社会建设综合评价指数从 2001 年的 4.2% 到 2010 年的 91.4%，可以看出节水型社会建设取得了较大的进步，已经由起步阶段逐步迈进到良好阶段，但是距优良阶段还有一定差距，仍需进一步加大节水型社会建设力度。

（2）我国节水型社会水资源子系统评价指数从 2001 年的 5.5% 到 2010 年的 90.4%，可以看出节水型社会水资源子系统由起步阶段逐步迈进到良好阶段，但是距优良阶段还有一定差距，仍需进一步加大节水型社会水资源子系统的建设力度。农业生产中必须摒弃效率不高、过度浪费的陈旧灌溉模式，大力推广新型灌溉技术，以提高灌溉效率并减少输送中的浪费。要把合理用水、科学用水和农业生产技术的进步结合起来，还要借助用水户协会这种管理方式吸引农民参与，全面提高农业用水的效率。工业发展必须以水资源的供应为出发点，借助科技创新和有效管理实施用水监控。进一步加强污水治理和废水的回收利用，大力推进生产的清洁性和水资源利用的高效性。各用水企业应该更多地交流节水经验、共同促进技术创新和新型设备的研发，淘汰旧的工艺和落后的设备。供水部门则应拓展工业用水的新渠道，优化供水结构和供水方式。城市用水要注意完善和改进供水管网，全面推广使用节水器具和计量设备，做到高效输送。通过各种宣传手段全面深入地倡导全民节水，反对水资源的浪费，并对一些不良现象进行曝光。此外还要借助阶梯水费等方式提倡合理用水、节约用水。

（3）我国节水型社会生态建设子系统评价指数从2001年的0到2010年的97.8%，可以看出节水型社会生态建设子系统由起步阶段逐步迈进到优良阶段，极大地推进了节水型社会建设的发展。生态环境建设和治理应加强水功能区和入河排污口的管理、加大污水处理和再生利用力度，加强企业废水处理设施的监控管理，实行排污总量控制，保障生态环境用水。同时，还要不断依靠科技进步开发污水处理的新技术、新措施和新途径，大力推广现有的新工艺，从而提高工业废水达标排放率和城市生活污水处理率。

（4）我国节水型社会经济社会子系统评价指数从2001年的0到2010年的88%，可以看出节水型社会经济、社会子系统由起步阶段逐步迈进到良好阶段，但是距优良阶段还有较大差距，仍需进一步加大经济社会发展。

（5）根据2001~2010年节水型社会建设评价指标的数据，结合节水型社会建设单项评价指标的参考标准，可以看出，综合节水评价中的人均用水量一直尚处于初级阶段，工业节水评价中的万元工业产值用水量一直尚处于起步阶段，农业节水评价的四个指标均处于中等阶段以下的水平，因此，在节水型社会建设过程中，这些指标还有很大的节水发展空间，应加大力度进行相关建设。

5.5　本章小结

（1）本章在参考国内外先进节水水平及有关部门标准的基础上，综合确定了节水型社会建设的发展阶段、各阶段评价指标的参考标准值及各阶段综合评价指数的参考标准值。本章把节水型社会建设划分为起步、初级、中等、良好和优良五个阶段。节水型社会建设综合评价也可分为相应的五个阶段：在起步阶段，节水型社会建设综合评价指数小于35%；在初级阶段，节水型社会建设综合评价指数在35%~55%；在中等阶段，节水型社会建设综合评价指数在55%~75%；在良好阶段，节水型社会建设综合评价指数在75%~95%；在优良阶段，节水型社会建设综合评价指数在95%以上。

（2）本章根据统计数据对我国节水型社会建设评价进行实证研究，从结果看，我国节水社会建设综合评价指数从2001年的4.2%到2010年的91.4%，可以看出节水型社会建设取得了较大的进步，已经由起步阶段逐步迈进到良好阶段，但是距优良阶段还有一定差距，仍需进一步加大节水型社会建设力度。其中，节水型社会水资源子系统评价指数从2001年的5.5%到2010年的90.4%，可以看出节水型社会水资源子系统由起步阶段逐步迈进到良好阶段，但是距优良阶段还有一定差距，仍需进一步加大节水型社会水资源子系统的建设力度；节水型社会生态建设子系统评价指数从2001年的0到2010年的97.8%，可以看出节水型社会生态建设子系统由起步阶段逐步迈进到优良阶段，极大地推进了节水型社会建设的发展；节水型社会经济社会子系统评价指数从2001年的0到2010年的88%，可以看出节水型社会经济社会子系统由起步阶段逐步迈进到良好阶段，但是距优良阶段还有较大差距，仍需进一步加大经济社会发展。

第 6 章

我国节水型社会建设的对策建议和保障措施

6.1 节水型社会建设的对策建议

6.1.1 加强节水文化建设，提升公众节水意识

（1）大力宣传节约用水的意义及环保的重要性，促使整个社会都参与其中。节约用水会导致污水排放减少，从而在一定程度上保护了环境。定期在世界水日、中国水周、全国城市节约用水宣传周等重点时间进行广泛宣传，加大节水公益性宣传力度，普及节水知识，倡导绿色消费。借助新闻媒体宣讲节水型社会建设的必要性，利用电视、报纸、广播等传统媒体和公众号、短视频、互联网等新传媒手段，不断丰富宣传形式和内容，形成更加有效的宣传机制。通过扩大宣传，增强社会公众的节水意识，为公众节水爱水、支持水利事业发展营造良好的氛围。

（2）系统完善节水教育机制，建设全国水情教育基地。在国民素质教育和中小学教育活动中增加对公众节水意识的培养，在校园、企业、社区中普及节水教育。建设节水教育社会实践基地，在各大平台组织开展各式各样的宣传实践活动，如水博物馆、水文化馆、水科技馆、重点水利工程等。结

合新闻媒体和公共教育资源，充分发挥民间组织与志愿者作用，引导公众形成自觉节水的意识，在生产、生活中不断提高自身节水的水平。

（3）健全公众参与机制，鼓励公众参与水资源保护及节水工作的管理，提升管理工作的透明度，以保证节水工作高效进行。建立公开透明的参与机制，及时公开发布水资源信息和水资源管理政策，使广大人民群众能够切实管理和监督各项节水工作的进程。加强制度建设，健全听证、举报等制度，强化社会监督，在关系群众用水利益的发展规划和建设项目上充分听取公众意见，鼓励公众举报过度消耗水资源、损害节水设施、危害水环境等行为，让节水工作受到有效的社会及舆论监督。此外，通过加大节水宣传与培训力度，让全社会都了解节水的必要性及与此有关的各项方针政策，不断提升公众的参与能力。

（4）推进载体建设，开展节水引领行动。在用水行业、用水产品、机关和园区等各领域建立节水先进标杆，推广在相关节水建设中取得的先进经验、模式和节水规范。建设节水型园区、灌区、社区、公共机构和企业，为各用水领域进行节水工作起到示范带头作用。公共机构要作为榜样，在高校、机关、医院等地不断开展节水工作。加强对相关管理人员和工作人员进行节水培训，各用水单位都应采取更合理的用水方式，高效利用水资源，共同促进经济发展和水资源保护的和谐一致。

（5）要培育节水文化，增强全民节水意识。将节水宣传和节水文化相融合，并将其升华至节水文明，力求在全社会形成节水理念。水务部门要成立相关文化领导组织，与其他职能部门相互协调，共同制定独具特点的节水文化目标任务，并落实所制定的各项措施，积极地将节水文化宣传融合到职能工作中。全社会都要动员起来，共同节水。相关部门应当利用各种方式进行宣传，鼓励社会各界力量共同参与节约用水，以便让节约用水的理念深入人心，树立全民节水的意识。

6.1.2 在重点领域切实执行节水政策

6.1.2.1 农业农村节水

（1）积极建立农民用水户协会模式，全面提高农业用水效率。落实国家农业节水规划，摒弃效率不高、过度浪费的陈旧灌溉模式，大力推广新型农业节水技术，开展灌区节水改造，以提高灌溉效率并减少输送中的浪费，实现科学用水和合理用水。结合当地的水资源条件与粮食安全作出规划，以水资源承载能力和水土开发规模为基础，因水制宜、因地制宜、因时制宜，调整农产品和农业种植结构，以期实现农业绿色转型。在降水量低于 400 毫米的地区，减少耕地的开发面积，减少种植高耗水作物，优先种植优质耐旱高产的作物，改进种植结构，加强节水控水管理。根据各地的具体情况，采取适当的措施推行轮作等绿色适水种植，严厉打击采用深层地下水用于农业灌溉的行为。

（2）促进畜牧渔业节水。推进牧区相关设施的修建，建立高效节水灌溉饲草基地，采取措施鼓励各养殖场减少场舍冲洗用水。在渔业方面发展绿色高效水产养殖模式，积极推广各项高效节水的项目及技术，支持渔业养殖用水循环利用。

（3）推进农村生活节水。按照政府的各项规划和战略，及时改造集中供水管网以便促进节水，推广各种节水器具与装置，扩大节水设施普及范围。在农村地区实行厕所革命，根据各地的具体情况，采取适当的措施推进农村污水循环利用，普及维护方便、减少成本、降低能耗的污水处理技术，以便将污水随时随地进行处理回用。

6.1.2.2　工业节水

（1）工业发展必须充分考虑水资源供给条件，运用科技手段和有效管理实施用水监控。进一步加强污水治理和废水的回收利用，大力推进清洁生产和水资源高效集约利用。各工业用水户应该增进节水经验交流，促进新型设备的研发和推广，淘汰旧的工艺和落后的设备。拓展工业用水新渠道，优化供水结构和供水方式。对于高耗水行业，必须开展用水管理，进一步改造节水技术，提高工业用水重复利用率，持续进行取用水计量监控，并将其融入到国家水资源监控体系中，提升整体的信息化水平。

（2）坚持以水定产。强化资源约束，根据战略规划和实际情况调整工业发展结构和规模，改良产业布局。在水资源短缺和超载地区严格限制高耗水产业规模，不允许实施高耗水项目。加速淘汰落后产能，对于要被淘汰的各类项目，不允许授予取水许可。对于过剩产能，及时进行断尾和置换。鼎力支持战略性新兴产业，发展高产出低耗水理念，激发释放绿色发展动能。

(3) 推进工业节水减污。加强用水定额管理，对重点企业实施考察与监督。大力支持推广高效的节水技术与装备，在各大企业进行必要的节水改造，加强企业内部用水管理，提升水资源使用效率。建设工业废水资源化利用工程，发布示范企业名单，树立行业榜样。

(4) 开展节水型工业园区建设。鼓励高耗水行业集聚于工业园区，支持企业间多级循环用水，减少水资源浪费，实施废水资源化利用，发展融合用水新模式。支持园区发展智慧水管理平台，提高用水管理效率。

6.1.2.3 城镇节水

(1) 实施城市节水设施改造，完善和改进城市供水管网建设，组织协调城市建设与节水管理等相关工作，做到高效输送。加大节水型生活器具的推广使用，倡导全民节水，杜绝水资源浪费，并对一些不良现象进行曝光。此外，借助阶梯水费等方式提倡合理用水、节约用水。

(2) 坚持以水定城。根据水资源量精耕细作，依法严格执行水资源管理，调整空间、产业和基础设施布局，改良城市功能结构。在水资源量与水环境承载力不匹配的地区，要限制城市与人口规模，约束开发区和高耗水行业的建设。

(3) 加快节水型城市建设。不断推进国家节水型城市的建设，制定健全的节水型城市评价标准。将节水型城市建设作为着力点，加强城市节水管理。缺水城市要以国家节水型城市标准为基础展开节水工作，在缺水城市的园林绿化工作中，要优先种植节水耐旱的植物，使用能够有效节水的灌溉方式。对高耗水服务业的用水量实施严格的超定额累进加价制度，并要求优先利用非常规水源，普及循环用水技术工艺。

6.1.2.4 非常规水源利用

(1) 推进非常规水资源利用，要采取各种措施拓展工农业及城市用水的来源，除对传统水资源进行更高效地利用外，还要合理开发其他渠道，如海水、雨水、矿井水，以减少用水压力。在缺水地区，对于具备使用非常规水源条件但未有效利用的高耗水行业项目，必须限制新增取水许可。

（2）加强非常规水源配置。通过水利枢纽工程，加大水资源开发利用力度，在水资源统一配置中将再生水、海水、雨水、矿井水等非常规水源纳入，不断扩大利用范围和程度。水利工程不仅能够排洪泄水，而且能够反向输水、调蓄雨洪水量，同时还能够保护水生态环境。

（3）推进污水资源化利用。健全相关政策体系，规划污水资源化利用执行方案。缺水地区必须依法按照需求量提供水资源，在工业生产、市政杂用、生态用水等方面，优先使用再生水。激发服务模式创新，支持第三方机构为水资源化利用提供新的思路和意见。加强再生水利用，在水闸枢纽处设立污水处理站，安装并推广各类污水处理设施，积极推进水资源循环利用。再生水可用于水闸管辖范围的城市绿化、生态景观等领域，从而节约水资源。

（4）加强雨水集蓄利用。在城市规划建设和管理中融入"海绵城市"建设理念，加强雨水资源的储蓄与综合利用能力。在城市建设中大力推广透水铺装，全面装备能够再生利用雨水资源的设施，避免径流外排造成的水污染。在农村地区也要因地制宜建设集蓄雨水的相关设施，收集的雨水可以用在农田和牲畜上。

（5）扩大海水淡化水利用规模。以沿海地区的实际情况为基础，制定海水淡化相关工作计划，寻求将海水淡化水从沿海地区向非沿海地区运送的方案。在沿海缺水地区规划建设海水淡化工程时，将海水淡化水作为重要水源，对于不能高效利用海水的高耗水项目和工业园区，严格限制其新增取水许可。推动海岛海水淡化设施建设与改良，满足海岛人民群众各方面的用水需求。

6.1.3　强化刚性约束，加强动态监管

6.1.3.1　完善约束指标体系

（1）建立宏观和微观两套指标体系，指导节水事业发展。宏观控制指标体系主要明确各地区、各行业、各单位可资利用的水资源总量；微观定额指标体系则具体规定单位产品或服务的用水量，使社会经济发展与水资源利

用水平始终保持一致，从而促进节水型社会的建设。

（2）健全用水定额体系，在重点行业和产品上实行用水定额管理制度，严格约束水资源管理全过程。完善各级行政区用水总量和强度控制指标体系，各指标要切实反映地表和地下水源的真实状况。

（3）完善节水标准体系。完善各行业用水定额标准，加快修订高耗水行业取水定额，推行取水定额强制性标准。定期开展用水定额评估，适时修订行业用水定额。制定节水基础管理、节水评价等国家标准，健全节水标准体系。

6.1.3.2 推进地下水双控管理

（1）实施地下水双控管理，可以确保对地下水的可持续性利用，进而保护生态环境，不仅能有效促成水资源供需平衡，而且能更好地应对水资源突发事件。当前的地下水管理水平效率低下，双控管理是严格执行水资源管理制度的必然条件，也是地下水管理从传统低效治理转向主动预防的必要选择。合理构建地下水取用水总量和水位双控指标体系，采取措施针对地下水超采问题进行治理与保护，严格监管地下水的开发与利用。

（2）健全地下水取水总量控制和水位控制指标。目前，我国地下水取水总量控制管理制度仍不够完善，地下水水位控制管理方法亟须加强，尽快建立科学普适的水位管理体系，加强探索地下水控制水位的划定及管理指标体系。形成地下水双控管理模式，根据水位控制目标和开采状况，推算开采量与水位变动情况。探索取水总量控制与水位控制协同管理模式，使得地下水管理更加科学合理。

（3）探索通用的双控管理模式。我国国土面积广大，各地区地下水赋存条件之间差异性极大，每个地区对地下水的开采和依赖程度也有所差异，所以探索科学、普适的双控管理模式是当务之急。设置管理绩效评价指标是有效实施地下水双控管理的基础，指标的选取应客观展现地下水资源变动状况和管理成效，不断促进管理者提高其管理水平。

6.1.3.3 严格全过程监管

（1）坚持以水定需。结合地区水资源条件，建立分区水资源管控体系。

相关各级行政管理及供水部门根据本地区实际情况对水资源的利用和供求做出具体规划，在得到计划主管部门的批准后负责实施。由各级统计部门对本地区的供水量和用水量进行统计，与之相关的各水行政部门应该全力协作，统计好本地区的供水、用水状况。结合区域发展战略，重新调整生产、生活与生态空间布局，健全产业结构调整指导目录，形成更加节水的产业发展格局。对各大规划与建设项目进行节水评价，严厉禁止违规用水需求。在全国范围内，进行水资源承载能力评价，对于水资源超载地区要禁止其新增取水许可，地方政府要及时整改治理。

（2）加强取水许可管理工作，严格把控取水许可环节。动态监管、从严审批，务必从起点做好节水工作。必须依法规范取用水行为，在取用水管理中进行专项整治工作，主要整治违法取用水问题，如未经批准擅自取水、未按规定条件取水等行为。将取水许可电子证照在全国范围内进行应用推行，推进水资源管理服务标准化。加强自备井管理和计划用水管理，县级以上人民政府制定年度用水计划，规模以上用水户实行计划用水。严格计量监测取用水情况，完善国家、省、市三级重点监控用水单位名录。

（3）严格把控水质监测工作。加深优化监测方案，对入境断面水质进行细致分析，保证每月监测，视具体情况在水污染易发期加大监测力度，时刻关注水体水质变化，为水资源管理及时提供数据信息，这样能有效预防水体污染，及时应对突发水污染事件。加大对水利工程和水体的巡查力度，及时上报污染情况，结合实际情况制定治理方案，保证辖区水体安全，避免水体水质恶化和水污染。加强突发水污染事件应急管理，因水制宜，健全补充应急预案。加强水污染防控与治理，推进节水减排，严格实施水污染防治规划安排，对水质监测数据进行分析处理，各部门应明确责任主体，共同治理入河污染。

（4）加强水功能区监督管理。严格禁止高耗水和污染水的建设项目和涉水活动、禁止利用水利设施或私设暗管排污等不良行为。各水务部门要恪尽职守、相互协调，加大监督管理力度，为水功能区监管工作提供客观有效的技术支撑。加强入河排污口监督管理，进行全面深入地调查，因地制宜制定档案与统计制度。

（5）健全管理机制。进一步推进机制建设，优化资源配置、探索机制创新和制度建设。引进先进经验，设置并完善符合各部门实际情况的规划体系，以国家节水型城市考核标准为基础，制定独具特色的节水型城市规划，设立合理的总体目标，拟定详尽的考核制度与办法。对于重点用水单位，每年都要因时制宜制定节水计划并严格实施，切实做到节约用水。

6.1.4 加强设施建设，补齐设施短板

（1）加强节水产品质量监管。在取水和用水设施上必须安装符合国家技术标准的计量设施。各单位在用水过程中必须加强用水计量、用水统计的管理，用水状况必须如实上报。各种供水、节水设施及用具必须有质量保证，节水产品需要有明确的标识。各领域的节水产品必须得到认证，要有相应的节水认证标签，同时要加强市场监管，保证生产、销售各个环节的畅通，促进节水产品的销售。

（2）加强计量监控设施建设。有些地区计量设施不足，造成节水建设推进缓慢，水权制度难以有效执行。因此，各地区要注重计量监控设施的建设。建立农业农村用水计量体系，对农田水利设施装配适合的监测计量设施。大力推广安装智能水表，提高公共场所智能计量水平。在城市河湖湿地全面配备监测计量设施。对工业园区和规上工业企业用水情况实行在线采集、实时监测。推进计量监控能力建设，完善水资源计量体系，加快水资源管理平台建设，实现跨区域数据共享、信息联通和业务协同。对主要高耗水行业实行用水实时监测管控，从而采取措施优化工业用水效率及农业灌溉、城镇用水计量率。

（3）推进重点领域设施建设。农业上积极开展现代化节水改造，推广田间节水设施，缺水地区要装配先进的农业农田集雨设施。建设城镇供水管网漏损治理工程，在老城区进行相关改良升级，新城区要按照高标准建设供水管网。建设非常规水源利用设施，推广装配污水资源化利用设施。支持城市之间协作发展，建设分布式污水处理再生利用设施。

（4）发挥水系交叉循环的连接作用。各水闸枢纽是水系联通管控的重要节点，在建设流域水系连通工程和跨域水量调度中起着关键作用。为了改善各种水资源问题，使得流水形成良性循环，要按照区域协同发展要求，与

地方密切配合，可以将雨洪水等水资源用于河道补水换水、生态治理、河道渠系连通工作等，从而实现水资源循环流动。

（5）加快工程建设，增加供给。不仅要加大政府财政投入和支持，逐步提高各级政府预算中节水投资的比重，还需要在水利领域引入社会资本，吸引各方力量共同投资节水型社会的建设，健全水资源体系，加强水资源供应。加快建设重点水利工程，继续改良重点水利工程技术，及时清除水底沉积物，保证水库容量，巩固河道蓄水调水能力；以防渗渠道高标准为参照，进行节水工程修筑，在河道建立水坝以加强河流蓄水保水能力。

6.1.5 加强水权管理，健全市场机制

（1）深化水权水市场改革。控制水资源开发总量，规范明晰初始水权，明确区域取用水权益，科学核定取用水户许可水量。在一定范围内允许水权进行市场化运作，各种不同层面的用水户可以在水权市场范围内把部分水权进行转让，以获取经济利益，从而可以间接鼓励用水户节水。推进水权交易机制，创新水权交易模式，根据具体情况采取适当的措施探索各主体之间不同形式的水权交易，对于节约出的水量，支持各主体之间实行水权交易。鼓励农业灌溉节水，依法转让农业用水户水权。通过水权交易可以有效解决用水量不满足于区域总量控制要求或江河分配水量的地区的新增用水需求。在中央和地方创办水权收储基金，以便将节约出的水量进行回购。规范水权市场管理，促进水权规范流转。严格监管各项水权交易，依法成立和筹划交易平台，促进水市场培育。

（2）完善水价机制。建立健全水价机制，充分发挥市场机制和价格杠杆在水资源配置和节约保护方面的作用。深入推进农业水价综合改革，稳步扩大改革范围。合理制定农业水价，逐步实现水价不低于工程运行维护成本。完善居民生活用水阶梯水价制度，科学制定用水定额。放开再生水、海水、淡化水的政府定价，鼓励政府购买服务。

（3）发挥市场配置作用。重塑用水模式与结构，改变利益形态，推动水资源优化配置。政府在水利投资中起主导作用，制定的水价低于供水成本，市场准入机制效率不高，容易导致资源浪费，不能有效发挥市场配置资

源的根本作用。要加快推进节水型社会，需要将市场作用制度化，最大限度发挥其效用。健全水资源的价格形成机制，通过市场重新布局用水结构，满足恰当的用水需求，避免浪费。

6.1.6 强化科技支撑，发挥政府主导作用

（1）加强重大技术研发。将节水基础和应用研究纳入国家中长期科技发展规划及生态环境科技创新专项规划等。围绕节水重点领域，开展节水关键工艺、技术和装备的研发，提升节水技术、节水管理及节水产品的信息化水平。加强节水领域高层次科技人才队伍建设，增进国际合作交流，提高自主创新能力。

（2）推进节水技术创新体系建设。开展节水型社会创新试点建设，按照科技创新、制度创新与管理创新相结合的原则，以水资源严重短缺、水生态脆弱地区为重点，集中开展全区域、多行业的综合节水集成创新与应用示范。完善节水工艺、技术和装备推广机制，加大推广力度，发布国家推荐目录，发挥示范区先进节水科技的引领与示范作用。

（3）加强创新社会管理。作为社会建设的新模式，节水型社会建设的主体是多元化的，为了有效发挥其多元主体的作用，必须改进社会管理体制，进一步建设市场经济体制，通过政策法规等来约束多元主体，采取措施发挥其在组织、协调与监督管理上的作用。当前的实践中已产生多种创新型管理方式，如水权转换、水价改革、计量管理等，只有创新才能弥补传统方法的不足，从而解决更复杂的水资源问题。

（4）结合区域实际建设节水型社会。我国疆域辽阔，各地在自然环境、人文环境及经济环境上都各有不同。各地水资源量不同，水环境承载能力不同，水环境中的存在的问题及原因也各不相同，并且各地方水务部门管理水平和当地用水户的用水习惯也不同，因此，各地进行节水型社会建设所应该侧重的方向和采取的措施也不一样。目前的实践证明，节水型社会建设试点地区都是因地制宜，形成了符合当地实际情况且各具特色的模式。

（5）发挥政府主导作用。在水资源管理层面，进行节水型社会建设是一项关键的制度改革。就我国国情来看，政府在节水型社会建设初期阶段的

制度变迁中占主导地位并发挥重要作用。以目前的实践来说，各节水型社会建设试点的工作都是由政府主要推进的。在各个试点地区，政府部门都设置了相关的领导机构来组织筹划、督促执行各项要求。政府财政是试点地区节水示范工程、节水产品与设施推广的主要资金来源。在目前的节水型社会建设阶段，只有让政府发挥其应有的作用，不断提供动力源泉，才能持续开展节水型社会建设。

6.2　节水型社会建设的保障措施

6.2.1　加强组织领导，明确各部门责任

（1）节水规划应该在全国节约用水办公室的统一领导下进行，相关部委必须密切配合，以便明确各部门的责任分工；此外还必须提出整体规划的要求，在充分考虑各部门建议的基础上，制订全国节水规划。

（2）建立节水型社会建设工作目标责任制、考核制和问责制，强化责任的落实和监督机制建设，对政府和用水户同时进行监督考核。逐级分解规划目标和关键控制性指标，确定各地的年度完成目标和指标，把关键控制性指标作为经济社会发展的“硬约束”，纳入地方年度政绩考核体系。各省份要结合实际情况，出台相应的考核和问责办法或细则。

（3）各级政府在其任期内都必须严格执行节水规划，务必实现规定的节水目标。相关各级节水管理部门要做到责任明确、分工细致、机构健全、组织细密，以便保证各部门及社会各行业能够在政府监督和规划下推进节水工作。首先，要对规划的制度建设内容和示范工程制定分阶段实施方案，明确各项工作的责任主体、负责人、实施进度；其次，制定相关的实施方案和管理办法，确定各阶段建设目标和奖惩办法；最后，分阶段对规划实施情况进行考核评估，保障规划的落实。

（4）加强组织协调。根据中央部署、省级统筹、市县负责的原则，全力落实各项规划。国家各有关部门要及时对节水建设规划的实施进行分析和指导，明确各部门的责任，切实保证措施有效实施，形成工作合力，为节水

型社会建设提供稳定保障。各省级相关部门要因地制宜形成适合当地的规划方案。市县政府要根据指导意见编制计划，细化任务分工，使各项计划顺利实施。各级节水相关部门要相互协调，以职分责，厘清工作流程与规范，共同解决节水问题。

6.2.2 健全节水法规体系，实行节水准入制度

（1）加强节水立法工作建设。各地区必须充分认识到立法的重要性，根据自身情况按照上级部门的立法精神完善本地区的节水立法及节水管理规定，依法对本行政区域内节水工作进行管理。这些法律法规必须为节水事业以及节水产业发展提供制度保障，各节水主管部门在与相关部门协商的基础上提供一些有利于节水发展的优惠。

（2）具体的节水目标和节水指标必须在各个级别的国民经济和社会发展计划中得以体现。在规划国民经济、城市发展和重大项目时都要把水资源条件作为重要因素考虑在内，并对水资源和节约用水进行专项规划或论证，按照水资源的丰富程度决定建设和生产规模。

（3）在水资源不足的地区要对城镇建设合理布局，限制耗水过多的工业和农作物发展，禁止高污染工业建设项目。坚决淘汰那些水资源消耗过大的老旧工艺及设备，在节水减排的指导思想下对供水及用水方面的节水效率、节水水平等方面进行有效监督，对各种与用水、节水相关的产品还要进行市场准入制度，提高标准，严格把关。

（4）健全法规标准。补充和修订相关节水法律体系，完善并颁布节水条例。加快地方节水法规建设，形成有效的执法监督机制。推行水效标识制度，推进节水认证工作，完善绿色结果采信机制。健全节水法规和考核制度，实施水资源消耗总量和强度双控行动，逐级建立用水总量控制和强度控制目标责任制，全面实施最严格水资源管理制度考核，在缺水地区试行把节水作为约束性指标纳入政绩考核。

（5）加大水行政执法力度，加强队伍建设。严格执行管理职责，积极组织日常执法巡查和加大现场执法力度。探索和完善管理法规和细则，严格对待各水事案件，对违法行为严肃处理，实施行政处罚或进行其他行政处

理。注重对人力资源的培养和使用，加快完善能够提高水行政执法队伍素质的管理与激励制度。推进信息技术和各类执法装备的使用，不断提升水行政执法能力与水平。

（6）推进水资源税改革。持续增加水资源税改革试点范围，根据试点的实践总结经验对策，在试点范围内对各取用水户征收水资源税。水资源税和水资源费不同时征收，只取其一。因时制宜、因地制宜采取差别税率，健全水资源税制度。

6.2.3 拓宽融资渠道，完善投入机制

相关部门必须在进行工业、城市和水利建设，规划技术改造的同时保证足够的节水资金的投入。尤其是对水资源消耗过大的企业更应该加大资金投入，以便进行节水技术的改造。银行应该优先贷款给那些符合条件并具有足够偿还能力的节水项目，各级政府也要根据具体情况给予农业节水项目一定的财政支持。

（1）完善投入机制。必须保障在节水建设上的财政支持，在地方上构建多元化、多层次、多渠道的保障体制，加大节水型社会建设的资金投入。支持企业依法采用绿色债券、资产证券化等手段拓宽融资渠道。积极引导社会投资，加大引进民营资本，充分发挥市场引导作用，推广合同节水、公私合营等模式，建立更加多元的投入机制。中央及各级地方政府要按照“取之于水、用之于水”的方针，动员各方面的力量共同出资，建立各级节水基金，对节水行为及对节水技术进步作出重大贡献的用水户进行补助。在保证资金充足和节水机制完备的情况下，国家还应该建立长期稳定的基金，用来进行节水技术革新及相关技术的研发和推广。设立节水型社会建设专项财政资金，将其用于能力保障、节水奖励等方面。政府要利用好财政资金，引导推进各企业单位升级与改良节水技术。

（2）实施节水优惠政策。加强对节水示范项目的投资规模，严格实施在节约用水、非常规水源利用等方面的相关政策。在节水型社会建设中投入更多财政资金，将其视为重点投入领域，设立专项资金，逐渐增强投资力度和补助范围，实现节水型社会建设投入与财政收入双增。提高节水资金在各

类专项资金中的占比，完善专项资金使用管理办法。给予进行再生水资源生产的企业以所得税优惠。设置节水通用设备目录，对涉及目录中设备的生产和购置的企业，实行税收抵免。

（3）健全财政奖励及贴息制度。完善财政奖励机制，表彰节水载体先进示例，树立节水典范。对于节水型企业，优先发放进行技术改造、清洁生产的专项资金。对节水项目的财政贴息，要继续扩张范围和期限。严格实施对节水器具的财政补贴政策，并延展其补贴范围。

6.2.4 依靠经济手段和技术进步全面推进节水建设

（1）依靠经济手段促进节水建设。充分利用价格杠杆制订合适的水价，给予节水的用户一定的水费优惠，并征收适量的污水处理费以促使各用水单位及个人节约用水，以提高全民节水的效果。随着节水建设的深入进行，污水处理费可以逐渐提高到对成本能够进行较高补偿直至微利的水平。为了惩罚水资源浪费的行为，可以对相关单位征收较高水费，对那些有权自行打井取水的单位应该征收比公共供水更高的水费，以防止其对地下水的过度利用。各地区还应该根据本地水资源的丰富与否制订不同水价，水资源贫乏地区的水费应该高于水资源丰富的地区。

（2）依靠技术进步加速推进节水建设。要充分利用节水方面的技术进步，促进产品的更新换代和工艺的不断改进。要根据合理的节水政策限制水耗高、污染大的项目，逐步淘汰不符合节水标准的设备和产品。加强节水管理科学化建设，培养一批有较高管理水平和业务水平的技术人员，促进相关技术的应用和推广。

6.2.5 强化监督考核，建立评估考核机制

（1）强化监督考核。健全水资源管理考核与取用水管理相关制度，在经济社会发展综合评价体系和政绩考核中加入对节水工作的考评，将责任明确落实到的单位和个体上，使每个人各司其职。对各部门加强监督管理，严格责任追究。

（2）建立评估考核机制。健全评估机制，对规划实行情况进行严格督查与及时评估，确保各项措施落到实处。确定宏观总量及微观定额两套指标。宏观总量指标主要把用水指标一级分配到各个具体的流域、地区、城市及用水单位，每一级都应该在其控制指标内用水；微观定额指标则必须按照宏观总量指标来决定工农业生产、城市及乡村居民用水等领域的用水定额。这两种指标必须同步执行，才能对总量和定额进行双重控制，使每个用水单元都拥有合理的用水权。

（3）完善节水奖励机制。健全节水财税奖励机制，公布节水型社会建设优秀名单并发放奖励，树立节水典范。完善并实施节水器具财政补贴政策和节水税收金融优惠政策。依法按照节水观念编制节水型社会建设指标体系考核方案，要充分展现出指标体系的导向性和节水型社会的阶段性。完善目标责任考核评估制度，深化政府职责，为顺利实施各项节水工作，实现各阶段性目标提供保障。每年都要根据当年的目标任务重新确立适当的考核细则与办法，并定期对各部门和各地区的计划实施情况进行考核评估，保证各项措施有效落实。

6.2.6 加强信息化建设和数据共享

（1）加强水资源管理信息化建设。当今时代是互联网信息技术的时代，水资源管理也要与时俱进，进行数据信息化改造。构建结合网络、通信、遥感、传感、大数据等信息技术的管理模式。建立水资源实时监控体系，将重点用水单位全部纳入监控范围，将地方水资源信息数据库与省级管理平台相连接，提高水资源管理办公自动化水平。科学的水资源监控体系可以提供客观有效的数据信息，帮助进行全面合理的分析，从而有效促进节水型社会建设。

（2）加强部门间的沟通协调与数据联通。目前各部门之间也缺乏沟通协调，与水资源相关的统计数据也并未相互联通。信息化网络平台应坚持资源整合、避免重复建设，以免浪费大量人力、物力和资金。设置水资源数据共享中心，对各地方传来的数据信息进行分类汇总，不仅方便统一管理，还达成了资源共享，为信息化管理提供了技术支持。

（3）培养与引进复合型人才。虽然目前国家已经引进和培养了一批复合型人才，但是其数量尚不足以满足当前水资源管理建设需求。地方部门管理人员一般没有信息化管理技术方面的能力，而基层单位也无法吸引更专业人才，因此，地方部门要健全人才培养机制，形成长期的再学习机制，对在职人员进行专业化培训，全面提升在职人员信息化管理水平，打造复合型人才队伍。

第 7 章

结论与展望

7.1 结　　论

本书在综述国内外节水型社会建设的基础上，针对我国水资源的现状和存在的问题，结合节水型社会建设规划，对节水型社会建设评价做了进一步的研究，主要结论如下。

（1）本书在综合理解节水型社会的概念、内涵和特征，以及参考国内外重要文献的基础上，对节水型社会评价依托的基本理论——可持续发展理论、循环经济理论、环境社会学理论、系统科学理论和评价学理论进行了详细的阐述和研究，并提出了我国节水型社会建设的指导思想、基本原则、目标和任务。基于节水型社会是水资源、生态环境、经济社会协调发展的这一认识，构建了由水资源系统、生态环境系统及经济社会系统相互耦合形成的节水型社会评价系统。

（2）本书在遵循节水型社会评价指标体系指导思想和设计原则的基础上，通过对各子系统及其影响因素进行分析，采用频度统计法和理论分析法相结合来初步设计节水型社会建设评价指标体系，共计 42 项评价指标，并运用专家调研法对初选指标进行了筛选，最终构建了由水资源子系统、生态建设子系统和经济社会子系统构成的节水型社会建设综合评价指标体系。该指标体系由“目标层、准则层、要素层和指标层”四个层次构成，包括综合节水、农业节水、工业节水、生活节水、节水管理、生态建设、生态治理和经济发展8个评价要素，共涵盖了28项评价指标。

（3）本书根据评价对象的特点、评价活动的实际需要、评价方法选择的基本原则，通过对主观赋权法、客观赋权法和综合集成赋权法，以及对层次分析法、模糊综合评判法、数据包络分析法、人工神经网络法、投影寻踪法、灰色关联分析法和理想点法进行比较分析的基础上，构建了基于G_1－法和改进DEA的节水型社会建设评价模型。该方法通过引入主观偏好系数，采用线性加权的方法，将主、客观赋权法相结合，即将G_1－法和改进DEA法确定的权重结合起来确定指标的综合权重，并以此为基准，结合分级综合指数法构建了节水型社会总目标模型，以及水资源子系统模型、生态环境子系统模型和经济社会子系统模型，从而计算出各决策单元的综合评价指数，并通过比较其大小来对各决策单元进行排序分析，不仅对节水型社会复合大系统进行综合评价，还对水资源子系统、生态环境子系统和经济社会子系统进行单独评价。

（4）本书在参考国内外先进节水水平及有关部门标准的基础上，综合确定了节水型社会建设的发展阶段、各阶段评价指标的参考标准值及各阶段综合评价指数的参考标准值。本书把节水型社会建设划分为起步、初级、中等、良好和优良五个阶段。节水型社会建设综合评价也可分为相应的五个阶段：在起步阶段，节水型社会建设综合评价指数小于35%；在初级阶段，节水型社会建设综合评价指数在35%～55%；在中等阶段，节水型社会建设综合评价指数在55%～75%；在良好阶段，节水型社会建设综合评价指数在75%～95%；在优良阶段，节水型社会建设综合评价指数在95%以上。

（5）本书根据统计数据对我国节水型社会建设评价进行实证分析。从结果看，我国节水社会建设综合评价指数从2001年的4.2%到2010年的91.4%，可以看出节水型社会建设取得了较大的进步，已经由起步阶段逐步迈进到良好阶段，但是距优良阶段还有一定差距，仍需进一步加大节水型社会建设力度。其中，节水型社会水资源子系统评价指数从2001年的5.5%到2010年的90.4%，可以看出节水型社会水资源子系统由起步阶段逐步迈进到良好阶段，但是距优良阶段还有一定差距，仍需进一步加大节水型社会水资源子系统的建设力度；节水型社会生态建设子系统评价指数从2001年的0到2010年的97.8%，可以看出节水型社会生态建设子系统由起步阶段逐步迈进到优良阶段，极大地推进了节水型社会建设的发展；节水型社会经济社会子系统评价指数从2001年的0到2010年的88%，可以看出节水型社会经济社会子系统由起步阶段逐步迈进到良好阶段，但是距优良阶段还有较大差距，仍需进一步加大经济社会发展。

（6）结合我国实际情况，本书围绕节水型社会的本质特征有针对性地从宏观层面上提出六项对策建议：加强节水文化建设，提升公众节水意识；在重点领域切实执行节水政策；强化刚性约束，加强动态监管；加强设施建设，补齐设施短板；加强水权管理，健全市场机制；强化科技支撑，发挥政府主导作用。同时提出了六项保障措施：加强组织领导，明确各部门责任；健全节水法规体系，实行节水准入制度；拓宽融资渠道，完善投入机制；依靠经济手段和技术进步全面推进节水建设；强化监督考核，建立评估考核机制；加强信息化建设和数据共享。

7.2 展　　望

为了进一步提高节水型社会研究的实用性，在今后的研究中还应注意以下几个方面：

（1）本书构建的节水型社会评价系统是由水资源系统、生态环境系统和经济社会系统相互耦合形成的一个有机整体，并在此基础上构建了节水型社会建设评价指标体系，为节水型社会建设评价提供了一个新体系。但是由于节水型社会评价是一项复杂的系统工程，涉及面广、所需信息量大，本书所收集的资料是有限的。同时随着时间的推移，还需不断修改和完善。一般而言，应使用固定的关键指标，然后在出现新的变化的情况下，经过科学研究适时采用其他合适的指标。

（2）本书根据评价对象的特点、评价活动的实际需要、评价方法选择的基本原则，构建了基于 G_1 - 法和改进 DEA 的节水型社会建设评价模型，为节水型社会建设评价提供了一种新方法。不过该模型也有一定的缺陷，主要表现在评价过程中的被处理的信息会变得不完整，这导致评价结果与事实相比可能会有一定偏差。另外如何用数据准确地量度定性指标，这些在今后的研究中还有待进一步提高和完善。

（3）本书在参考国内外先进节水水平及有关标准的基础上，综合确定了节水型社会建设的发展阶段、各阶段评价指标的参考标准，以及各阶段综合评价指数的参考标准，为节水型社会建设评价提供了一种新标准。但该标准不是一成不变的，随着经济社会的发展，还需不断调整和完善。

（4）本书结合我国目前的节水现状，围绕节水型社会的本质特征，有针对性地从宏观层面上提出了相关的对策建议与保障措施。这对我国在制定符合实际情况的节水目标、规划政策、提高水资源利用效率及治理生态环境等方面都具有一定的促进作用和借鉴意义。由于我国各地区的水资源现状及生态环境和经济社会发展状况差异较大，因此要充分考虑本地区的实际情况，本书提出的相关对策建议与保障措施仅作为参考。

（5）我国节水型社会建设虽有一定程度的提高，但是水资源短缺问题和浪费问题仍然存在，所以节水型社会建设前景十分广阔。在以后的研究中，应不断完善节水型社会评价相关理论体系，对重点项目、重点领域加强研究，推动节水型社会建设不断发展。

第 8 章

进一步研究

本章是对节水型社会建设的进一步研究，对水资源的可持续性进行评价。为实现湖北省高质量发展，提高湖北省水资源集约节约利用水平，基于“人—资源—自然”构建了湖北省水资源可持续性评价指标体系，由水资源条件、社会经济、环境生态 3 个子系统和 19 项指标构成，并确定了评价指标五级分级标准。基于熵权法和云模型构建了湖北省水资源可持续性评价模型，对 2019 年湖北省 17 个市州的水资源可持续性进行了评价。结果表明：湖北省的水资源分布不均，大部分城市水资源短缺，城市之间水资源供需不平衡；部分城市农业用水量过大，水资源浪费严重，影响经济发展；大部分城市污水处理能力仍不够，水环境受到污染。评价结果和实际情况比较吻合，说明模型具有可行性和合理性。

8.1　研究区概况

湖北省位于我国中部，处于长江中游，总面积 18.59 万平方公里。湖北地处亚热带，大部分为亚热带季风性湿润气候，降水充沛，降水量分布有明显的季节变化，夏多冬少，多年平均降雨量为 1180.3 毫米。每年 6 月中旬至 7 月中旬是湖北的梅雨期。湖北素有“千湖之省”之称，除长江、汉江干流外，省内各级河流河长 5 公里以上的有 4228 条，另有中小河流 1193

条，河流总长5.92万公里。截至2019年，湖北省的水资源总量613.7亿立方米，是全国总量的2.1%；人均水资源量1036.3立方米/人，是全国均值的49.9%；农田灌溉水有效利用系数0.522，低于全国平均水平0.599；万元工业增加值用水量56.7立方米，约为全国均值的1.5倍。湖北省作为中部崛起战略的支点，是中部地区重要的资源和货流集散地以及信息交流中心①，也是三峡工程库坝区和南水北调中线工程核心水源区②。尽管湖北省水资源含量较为丰富，但水资源时空分布不匀，作为工业城市来说用水压力较大③。随着经济发展以及水利工程的实施，湖北省水资源浪费问题和水污染问题也日益突出④。因此，评价与分析湖北省水资源可持续性对湖北省实现高质量发展、提高水资源集约节约利用水平具有重要意义。本章以湖北省为背景构建了水资源可持续性评价指标体系，结合熵值法和云模型建立了评价模型，对2019年湖北省17个市州的水资源可持续性进行了评价，以期为湖北省水资源的高效利用与经济发展提供科学依据。

8.2 湖北省水资源可持续性评价指标体系

8.2.1 指标体系构建

国内外众多学者围绕水资源可持续性利用展开了深入探讨，有关水资源可持续性评价指标体系的研究也相对成熟。本章在查阅大量相关文献的基础上，遵循系统性、典型性、综合性、科学性和可比性等评价指标体系构建原则，结合湖北省的自然地理环境和人文特征，运用频度统计法、理论分析法和专家咨询法，构建了包含水资源条件子系统、社会经济子系统和生态环境

① 彭焜，朱鹤，王赛鸽等．基于系统投入产出和生态网络分析的能源—水耦合关系与协同管理研究——以湖北省为例［J］．自然资源学报，2018，33（9）：1514－1528.

② 张晓京．长江经济带湖北段水生态建设的问题、成因与对策［J］．湖北社会科学，2018（2）：61－67.

③ 贾诗琪，张鑫，彭辉，黄亚杰．湖北省水生态足迹时空动态分析［J］．长江科学院院报，2022，39（3）：27－32，37.

④ 聂晓，张弢，冯芳．湖北省用水效率——经济发展系统耦合协调发展研究［J］．中国农村水利水电，2019（4）：132－135.

子系统3个一级评价指标和19个二级评价指标的湖北省水资源可持续性评价指标体系（见表8-1）。水资源条件子系统主要反映水资源的自然条件和开发利用状况，社会经济子系统主要反映水资源的供需与配置状况，环境生态子系统主要反映水资源的质量管理水平。

表8-1　　湖北省水资源可持续性评价指标体系

准则层	指标层	
水资源条件系统A1	年降水量（毫米）	a1
	人均水资源量（立方米）	a2
	水资源开发利用率（%）	a3
	产水模数（万立方米/平方公里）	a4
	亩均水资源量（立方米）	a5
社会经济系统A2	工业用水比例（%）	a6
	农业用水比例（%）	a7
	生活用水比例（%）	a8
	城市居民生活废污水排放量（万吨）	a9
	人均用水量（立方米）	a10
	万元GDP用水量（立方米/万元）	a11
	万元工业增加值用水量（立方米）	a12
	耕地灌溉率（%）	a13
环境生态系统A3	生态环境用水率（%）	a14
	污径比（%）	a15
	干旱系数	a16
	污水处理率（%）	a17
	工业废水排放总量（万吨）	a18
	水土流失率（%）	a19

8.2.2　评价指标分级标准确定

本章参考相关文件标准和文献，结合湖北省实际状况，进一步咨询专家意见，确定了评价指标的五级分级标准（见表8－2）。

表8－2　水资源可持续性评价指标分级标准

指标	类型	1级	2级	3级	4级	5级
a1	正	>1200	1000～1200	800～1000	600～800	<600
a2	正	>2000	1500～2000	1000～1500	500～1000	<500
a3	逆	<20	20～40	40～60	60～80	>80
a4	正	>60	40～60	20～40	10～20	<10
a5	正	>2000	1300～2000	800～1300	300～800	<300
a6	正	>50	40～50	20～40	10～20	<10
a7	逆	<30	30～40	40～60	60～70	>70
a8	正	>25	20～25	10～20	5～10	<5
a9	逆	<2000	2000～6000	6000～12000	12000～24000	>24000
a10	逆	<200	200～400	400～800	800～1000	>1000
a11	逆	<30	30～50	50～80	80～120	>120
a12	逆	<30	30～50	50～80	80～160	>160
a13	正	>60	50～60	30～50	10～30	<10
a14	正	>2	1.5～2	0.4～1.5	0.1～0.4	<0.1
a15	逆	<10	10～13	13～18	18～22	>22
a16	逆	<0.05	0.05～0.1	0.1～0.15	0.15～0.3	>0.3
a17	正	>98	95～98	92～95	90～92	<92
a18	逆	<5000	5000～8000	8000～14000	14000～20000	>20000
a19	逆	<10	10～15	15～20	20～25	>25

8.3　研究方法

8.3.1　基于熵权法的指标权重确定

本章采用熵权法测量评价指标权重。熵权法是一种客观赋值方法，它依赖于数据本身的离散性，评价指标离散程度越大，权重就越大。

（1）根据 m 个待评价方案的 n 个评价指标的初始数据集，建立特征值矩阵：

$$X = (x_{ij})_{m \times n} (i = 1, 2, \cdots, m; j = 1, 2, \cdots, n) \quad (8-1)$$

（2）由于各指标的量纲和数量级存在差异，需要对矩阵进行标准化处理。正负指标的处理公式分别为：

$$z_{ij} = \frac{x_{ij} - x_j^{min}}{x_j^{max} - x_j^{min}}$$

$$z_{ij} = \frac{x_j^{max} - x_{ij}}{x_j^{max} - x_j^{min}} \quad (8-2)$$

得到规范化矩阵 $Z = (z_{ij})_{m \times n} (i = 1, 2, \cdots, m; j = 1, 2, \cdots, n)$。其中，$x_j^{min}$，$x_j^{max}$ 分别是同一指标 x_j 在不同方案中的最小值和最大值。

（3）按照传统的熵概念可定义指标的熵为：

$$h_j = -\frac{\sum_{i=1}^{m} f_{ij} \ln f_{ij}}{\ln m} \quad (8-3)$$

其中，$f_{ij} = \frac{z_{ij}}{\sum_{i=1}^{m} z_{ij}}$。

为了消除当 $z_{ij} = 0$ 时对熵值的计算结果的影响，将 z_{ij} 进行平移修正，令 $z'_{ij} = z_{ij} + 0.01$。

（4）第 j 个评价指标的熵权 w_j 为：

$$w_j = \frac{g_j}{\sum_{j=1}^{n} g_j} \quad (8-4)$$

其中，$g_j = 1 - h_j$。

8.3.2 基于熵权的云模型构建

本章基于云模型来构建湖北省水资源可持续性评价模型。云模型是处理定性概念与定量描述的不确定转换模型，能够描述评价对象的不确定性，兼顾了模糊性和随机性。

8.3.2.1 确定各指标的正态云标准

建立评价等级集 $C=\{C_1, C_2, \cdots, C_k, \cdots, C_p\}(k=1, 2, \cdots, p)$，一般取 $p=4$ 或 $p=5$。根据评价指标分级标准将每个评价指标 a_j 的有效论域划分为 p 个子区间，第 k 个子区间为 $[C_{jk}^{min}, C_{jk}^{max}]$，各子区间对应的云特征值（$E_x$，$E_n$，$H_e$）可用式（8-5）表示。运用正向正态云发生器可生成各评价指标的评价等级标准云。

$$E_x=(C_{jk}^{max}+C_{jk}^{min})/2$$

$$E_n=(C_{jk}^{max}-C_{jk}^{min})/2.355$$

$$H_e=u \tag{8-5}$$

其中，u 为常数，可在试验中根据需要进行调整。对于只有单边界限的两端区间，根据实际数据的端点值进行填补。

8.3.2.2 计算隶属度

运用 X 条件云发生器求出指标 a_j 隶属于评价等级 C_k 的隶属度，对生成的 v 个云滴 $(x_{jlk}, y_{jlk})(j=1, 2, \cdots, n;\ l=1, 2, \cdots, v;\ k=1, 2, \cdots, p)$ 中的 y_{jlk} 求平均值，得到平均隶属度 $y_{jk}=\frac{1}{v}\sum_{l=1}^{v}y_{jlk}$，各指标在所有评价等级上的平均隶属度构成指标层的初始隶属度矩阵 $R_1=(y_{jk})_{n\times p}$。将指标层的初始隶属度矩阵汇总加和得到准则层（设准则层有 s 个）的初始隶属度矩阵 $R_2=(r_{fk})_{s\times p}(f=1, 2, \cdots, s)$。

分别运用式（8-6）和式（8-7）计算出准则层和指标层的相对隶属度矩阵 $R_3=(r'_{fk})_{s\times p}$、$R_4=(y'_{jk})_{n\times p}$：

$$r'_{fk}=\frac{r_{fk}}{\sum_{k=1}^{p}r_{fk}} \tag{8-6}$$

$$y'_{jk}=\frac{y_{jk}}{\sum_{k=1}^{p}y_{jk}} \tag{8-7}$$

运用式（8-8）计算综合隶属度向量 D：

$$D = WR_4 = (d_k)_{1\times p} \tag{8-8}$$

其中，$W=(w_1, w_2, \cdots, w_n)$ 为基于熵权法的指标权重向量，d_k 是被测对象隶属于每个等级的隶属度。

8.3.2.3 确定最终评价结果

对评价等级集 C 中的每个等级赋予相应的分数 $Z=\{z_1, z_2, \cdots, z_p\}$。采用加权平均法，分别运用式（8-9）、式（8-10）和式（8-11）计算被测对象的各指标得分 O_j、各准则层得分 T_f 和综合得分 Q。

$$O_j = \sum_{k=1}^{p} z_k y'_{jk} \tag{8-9}$$

$$T_f = \sum_{k=1}^{p} z_k r'_{fk} \tag{8-10}$$

$$Q = \sum_{k=1}^{p} z_k d_k \tag{8-11}$$

8.4 结果与分析

8.4.1 数据来源

本章数据主要来源于《2019 湖北省水资源公报》，少数数据取自于《2020 湖北省统计年鉴》、湖北省《2019 自然资源综合统计年报》、《2019 湖北省水土保持公报》、《2019 中国城市建设统计年鉴》，经过系统收集和整理形成初始数据集。

8.4.2 水资源可持续性评价结果

根据初始数据集，运用熵权法计算湖北省水资源可持续性评价指标权重（见表8-3）。

表 8-3　　水资源可持续性评价指标权重

准则层	指标层		权重
水资源条件子系统（A1）（0.442）	年降水量（毫米）	a1	0.029
	人均水资源量（立方米）	a2	0.178
	水资源开发利用率（%）	a3	0.025
	产水模数（万立方米/平方公里）	a4	0.031
	亩均水资源量（立方米）	a5	0.179
社会经济子系统（A2）（0.269）	工业用水比例（%）	a6	0.064
	农业用水比例（%）	a7	0.049
	生活用水比例（%）	a8	0.044
	城市居民生活废污水排放量（万吨）	a9	0.012
	人均用水量（立方米）	a10	0.014
	万元 GDP 用水量（立方米/万元）	a11	0.040
	万元工业增加值用水量（立方米）	a12	0.012
	耕地灌溉率（%）	a13	0.034
环境生态子系统（A3）（0.289）	生态环境用水率（%）	a14	0.087
	污径比（%）	a15	0.017
	干旱系数	a16	0.038
	污水处理率（%）	a17	0.082
	工业废水排放总量（万吨）	a18	0.038
	水土流失率（%）	a19	0.027

根据表 8-2 中的评价等级划分标准和公式（8-5）计算云特征值，利用 Python 软件编写正向云发生器代码，运行代码并根据云图的离散情况调整参数 u，得出每个等级的云特征值，结果如表 8-4 所示。

利用 Python 软件编写 X 条件云发生器代码，将初始数据集和表 8-3 评价等级的云特征值代入 X 条件云发生器，得到 17 个市州的指标层初始隶属度矩阵。结合评价等级分数（见表 8-5），计算湖北省各市州水资源可持续性各评价指标得分（略）、水资源条件子系统得分、社会经济子系统得分、生态环境子系统得分和水资源可持续性综合评分如表 8-6 所示，并得到湖北省 17 个城市水资源可持续性综合评价和各子系统得分趋势图（见图 8-1）。

表 8-4 评价等级的云特征值

指标	1级			2级			3级			4级			5级		
	Ex	En	He	Ex	En	He	Ex	En	He	Ex	En	He	Ex	En	He
a1	1238	32.27	0.1	1100	84.93	0.1	900	84.93	0.1	700	84.93	0.1	585	12.74	0.1
a2	10754	7434.39	0.1	1750	212.31	0.1	1250	212.31	0.1	750	212.31	0.1	400.5	84.50	0.1
a3	10	8.49	0.1	30	8.49	0.1	50	8.49	0.1	70	8.49	0.1	137.67	48.98	0.1
a4	64.75	4.03	0.1	50	8.49	0.1	30	8.49	0.1	15	4.25	0.1	5	4.25	0.1
a5	11997	8490.02	0.1	1650	297.24	0.1	1050	212.31	0.1	550	212.31	0.1	241.5	49.68	0.1
a6	62.00	10.19	0.1	45	4.25	0.1	30	8.49	0.1	15	4.25	0.1	5	4.25	0.1
a7	23.82	5.25	0.1	35	4.25	0.1	50	8.49	0.1	65	4.25	0.1	73	2.56	0.1
a8	36.69	9.93	0.1	22.5	2.12	0.1	15	4.25	0.1	7.5	2.12	0.1	2.5	2.12	0.1
a9	1072	788.11	0.1	4000	1698.51	0.1	9000	2547.77	0.1	18000	5095.54	0.1	27378.5	2869.21	0.1
a10	178	18.68	0.1	300	84.93	0.1	600	169.85	0.1	900	84.93	0.1	1251	213.16	0.1
a11	26.5	2.97	0.1	40	8.49	0.1	65	12.74	0.1	100	16.99	0.1	131.5	9.77	0.1
a12	29.5	0.42	0.01	40	8.49	0.1	65	12.74	0.1	120	33.97	0.1	200.5	34.39	0.1
a13	79.31	16.40	0.1	55	4.25	0.1	40	8.49	0.1	20	8.49	0.1	5	4.25	0.1
a14	2.15	0.13	0.01	1.75	0.21	0.01	0.95	0.47	0.01	0.25	0.13	0.01	0.05	0.04	0.01
a15	7.74	1.92	0.1	11.5	1.27	0.1	15.5	2.12	0.1	20	1.70	0.1	25.44	2.92	0.1
a16	0.03	0.02	0.001	0.08	0.02	0.001	0.125	0.02	0.001	0.23	0.06	0.001	0.4	0.08	0.001
a17	109.95	10.15	0.1	96.5	1.27	0.1	93.5	1.27	0.1	91	0.85	0.1	92.6	0.51	0.1
a18	2657	1989.81	0.1	6500	1273.89	0.1	11000	2547.77	0.1	17000	2547.77	0.1	21989	1689.17	0.1
a19	5.17	4.11	0.1	12.5	2.12	0.1	17.5	2.12	0.1	22.5	2.12	0.1	27.53	2.15	0.1

表 8 - 5 评价等级分数

1级	2级	3级	4级	5级
100	90	80	70	60

表 8 - 6 区域综合评分和各子系统得分

地区	区域综合评分		水资源条件子系统		社会经济子系统		生态环境子系统	
	分数	排名	分数	排名	分数	排名	分数	排名
神农架	92.23	1	91.91	3	85.32	4	88.16	1
咸宁市	88.86	2	96.97	1	82.01	7	79.71	15
恩施州	88.46	3	94.53	2	84.32	5	77.39	17
十堰市	87.53	4	88.66	4	85.88	3	81.67	11
宜昌市	85.68	5	86.72	5	86.75	2	80.18	13
武汉市	85.58	6	79.95	10	90.46	1	82.89	9
鄂州市	84.18	7	82.85	8	79.44	11	86.93	2
黄石市	83.74	8	84.45	7	80.88	8	79.86	14
黄冈市	82.07	9	85.29	6	78.19	14	79.62	16
潜江市	81.59	10	77.09	12	80.76	9	85.85	5
仙桃市	79.74	11	79.99	9	76.35	17	84.60	7
荆州市	78.90	12	78.10	11	77.82	15	81.65	12
天门市	78.77	13	75.05	13	77.52	16	86.52	3
随州市	78.23	14	67.68	17	82.29	6	86.39	4
孝感市	77.49	15	70.86	14	79.37	12	85.66	6
荆门市	77.03	16	70.72	15	78.42	13	83.08	8
襄阳市	76.18	17	68.93	16	80.00	10	82.60	10

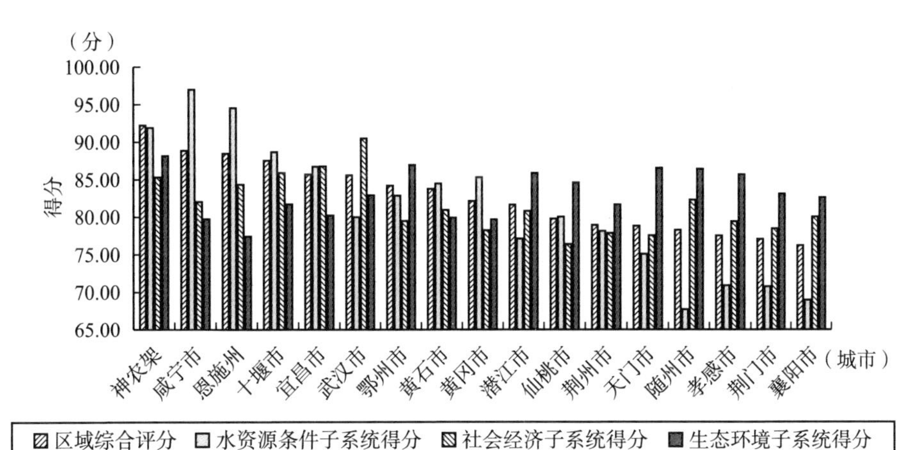

图8-1 湖北省17个城市水资源可持续性综合评价和各子系统得分

8.4.3 水资源可持续性评价结果分析

从水资源可持续性综合评分来看，湖北省17个市州的综合得分在76分~93分，整体发展较为不均，水资源可持续性的强弱整体上是鄂西城市>鄂东城市>鄂中城市。其中，神农架的水资源可持续性水平最强，分值为92.23分；咸宁市、恩施州、十堰市、宜昌市和武汉市的水资源可持续性相对较强，分值在85分~90分；鄂州市、黄石市、黄冈市和潜江市紧随其后，分值在80分~85分；仙桃市、荆州市、天门市、随州市、孝感市、荆门市和襄阳市的水资源可持续性较弱，分值在75分~80分。

在水资源条件子系统中，各市州分数差异较大。水资源条件子系统的得分遵循鄂西城市>鄂东城市>鄂中城市，在空间分布上与综合评分趋势一致，但每个部分的具体城市排名有所不同（见图8-1和表8-6）。咸宁市、恩施州和神农架的水资源条件子系统得分明显高于其他城市（均在90分以上），孝感市、荆门市、襄阳市和随州市的水资源条件子系统得分明显低于其他城市（均在70分左右）。其中，咸宁市的水资源条件最好，得分96.97分；随州市的水资源条件最差，得分67.68分。2019年湖北省的人均水资源量是1035立方米，全省17个市州中仅有6个城市超过这个水平，分别为神农架19508立方米、恩施州3685立方米、咸宁市2684立方米、十堰市

1701 立方米、宜昌市 1594 立方米、黄冈市 1108 立方米；荆门市、襄阳市、孝感市、随州市、武汉市的人均水资源量分别只有 578 立方米、446 立方米、369 立方米、314 立方米、301 立方米，处于水资源紧缺状态。由此可见，湖北省的水资源分布极为不均，城市之间水资源供需很不平衡。2019 年湖北省的水资源开发利用率为 49.40%，咸宁市仅为 21.21%，而武汉市、襄阳市、鄂州市、孝感市、荆门市、随州市、天门市、潜江市的水资源开发利用率均超过 100%，其中鄂州市达到了 195.34%，非常不利于水资源的可持续性发展。

在社会经济子系统中，各市州分数有一定的差异，没有明显的空间分布趋势。表 8-6 中，武汉市在社会经济子系统中的得分明显高于其他城市，仙桃市在社会经济子系统中排名末尾。从具体指标来看，武汉市在农业用水比例、生活用水比例、万元 GDP 用水量这 3 个指标上的得分都很高（均在 97 分以上），具体数据分别为 25.05%、33.45%、23 立方米/万元，而仙桃市分别为 72.44%、12.28%、119 立方米/万元。在社会经济子系统中排名靠后的城市大多农业用水比例较高，而农业用水过程中输水渠道渗漏较多，技术欠缺和管理不善会导致水资源浪费严重，进一步加剧水土矛盾、土壤盐碱化等问题。此外，农业用水过多也会导致工业和生活用水不足，无法支撑经济发展。

在生态环境子系统中，各市州分数差异相对较小，也没有明显的空间分布趋势。表 8-6 中神农架排名第一位，与其在综合评分中的排序一致。恩施州在水资源条件子系统中排名靠前，在生态环境子系统中却排名末尾，其在生态环境用水率、污径比、污水处理率和水土流失率上得分较低，其具体数据分别为 0.05%、19.83%、93.2%、30.06%。对比全省的数据 0.28%、11.82%、100.26%、17.22%，恩施州的生态环境补水量占比低，入河排污量较大，污水处理率较低，水土流失严重，虽然其水资源条件较好，但水污染问题较大，还需要加强水污染治理，提高废污水处理能力。

8.5 结　　论

（1）本章对湖北省水资源可持续性进行评价，不仅对各市州的水资源可持续性进行综合评价，还对各子系统进行单独评价，为决策者追根溯源、实现水资源可持续性提供参考。湖北省水资源分布不均，水资源配置状况不佳，水污染问题严重，还需要继续提高水资源管理水平，以改善全省的水资源可持续性。

（2）本章采用熵权法和云模型构建水资源可持续性评价模型，兼顾了模糊性和随机性，极大程度上避免了评价过程的主观性。本书下一步将继续完善水资源可持续性评价指标体系和评价标准。

参考文献

[1] 安娟. 节水型社会建设评价方法研究——以济源市为例 [J]. 安徽农业科学, 2008, 36 (3): 1212 - 1214.

[2] 安鑫. 西安市节水型社会建设的水资源优化配置及评价研究 [D]. 长安大学硕士学位论文, 2009.

[3] 蔡振禹, 李思敏, 任建华, 王晓华. 基于 AHM 模型的城市节水水平综合评价研究 [J]. 中国给水排水, 2006, 22 (7): 54 - 56.

[4] 陈东景, 徐中民. 关于水资源管理的几个问题的探讨 [J]. 干旱区研究, 2001, 18 (1): 1 - 4.

[5] 陈家琦, 王浩, 杨小柳. 水资源学 [M]. 北京: 科技出版社, 2002.

[6] 陈静. 水质型缺水地区节水型社会评价体系与激励机制研究 [D]. 上海: 华东师范大学, 2009.

[7] 陈琨, 姚中杰, 姚光. 我国实施水资源循环经济模式的途径 [J]. 中国人口、资源与环境, 2003, 13 (5): 120 - 121.

[8] 陈文晖, 马胜杰, 姚晓艳. 中国循环经济综合评价研究 [M]. 北京: 中国经济出版社, 2009: 91 - 93.

[9] 陈莹, 刘昌明, 赵勇. 节水及节水型社会的分析和对比评价研究 [J]. 水科学进展, 2005, 16 (1): 82 - 87.

[10] 陈莹, 赵勇, 刘昌明. 节水型社会的内涵及评价指标体系研究初探 [J]. 干旱区研究, 2004, 21 (2): 125 - 129.

[11] 陈莹, 赵勇, 刘昌明. 节水型社会评价研究 [J]. 资源科学, 2004, 26 (6): 83 - 89.

[12] 陈莹. 节水型社会系统理论及其驱动因子研究 [D]. 北京: 北京

师范大学，2004.

[13] 程立生．以色列淡水资源的开发利用与节水之道 [J]．华南热带农业大学学报，1999，5 (1)：56 -58.

[14] 戴文战．基于三层网络的多指标综合评估方法及应用 [J]．系统工程理论与实践，1999 (5)：29 -40.

[15] 党建武．神经网络技术及应用 [M]．北京：中国铁道出版社，2000.

[16] 杜栋，庞庆华，吴炎．现代综合评价方法与案例精选 [M]．北京：清华大学出版社，2008：12 -21，18 -19，35 -40，63 -73.

[17] 杜栋．一种多指标评价的新模型方法 [J]．陕西工学院学报，2002，18 (4)：79 -81.

[18] 冯广志．关于农业高效用水体系建设的几个问题 [J]．中国水利，2001 (11)：64 -67.

[19] 付强，邢桂君，王兆函，王志良．基于 RAGA 的 PPC 模型在节水灌溉项目投资决策中的应用 [J]．系统工程理论与实践，2003 (2)：139 -144.

[20] 付强，赵小勇．投影寻踪模型原理及其应用 [M]．北京：科学出版社，2006.

[21] 傅国圣，周佳楠，李云中，蒋陈娟．基于熵权法的里下河腹部典型区综合水质评价 [J]．水电能源科学，2021，39 (5)：79 -82.

[22] 甘满堂，黄河．创建节水型社会的社会学分析 [J]．内蒙古社会科学（汉文版），2004，25 (1)：141 -144.

[23] 高鹏．节约型社会城市节水指标体系及评价方法研究 [D]．北京：华北电力大学，2006.

[24] 高山．现代城市节约用水技术与国际通用管理成功案例典范 [M]．北京：新华出版社，2003.

[25] 郭巧玲，杨云松．节水型社会建设评价——以张掖市为例 [J]．中国农村水利水电，2008 (5)：25 -30.

[26] 郭亚军，潘德惠．一类决策问题的区间映射方法 [J]．决策与决策支持系统，1993 (1)：56 -62.

[27] 郭亚军，潘德惠．一类决策问题的新算法 [J]. 决策与决策支持系统，1992，2 (3)：56 - 62.

[28] 郭亚军．综合评价理论、方法和应用 [M]. 北京：科学出版社，2007：16 - 18，33 - 35，74 - 75.

[29] 国家环境保护局．工业节水减污 [M]. 北京：中国环境科学出版社，1992.

[30] 国家环境保护局．中水道技术 [M]. 北京：中国环境科学出版社，1992.

[31] 汉尼根．环境社会学 [M]. 北京：中国人民大学出版社，2009.

[32] 何祥光，赵蔚，刘国昌．节水指标体系研究 [J]. 辽宁经济，1996 (9)：8 - 9.

[33] 胡鞍钢，王亚华．中国如何建设节水型社会——甘肃张掖“节水型社会试点”调研报告 [R]. 中国水利年鉴，中国水利水电出版社，2004：134 - 140.

[34] 胡守仁．神经网络导论 [M]. 长沙：国防科技大学出版社，1993.

[35] 黄乾，张保祥，黄继文，纪亚非，党永良．基于熵权的模糊物元模型在节水型社会评价中的应用 [J]. 水利学报，2007 (10)：413 - 416.

[36] 黄贤金．区域循环经济发展评价 [M]. 北京：社会科学文献出版社，2006.

[37] 黄晓荣，梁川，付强，杨明兴．基于 RAGA 的 PPC 模型对区域水资源可持续利用的评价 [J]. 四川大学学报（工程科学版），2003，35 (4)：29 - 32.

[38] 贾嵘，蒋晓辉，薛惠峰，沈冰．缺水地区水资源承载力模型研究 [J]. 兰州大学学报（自然科学版），2009，36 (2)：114 - 121.

[39] 贾诗琪，张鑫，彭辉，黄亚杰．湖北省水生态足迹时空动态分析 [J]. 长江科学院院报，2022，39 (3)：27 - 32 + 37.

[40] 金菊良，杨晓华，丁晶．标准遗传算法的改进方案——加速遗传算法 [J]. 系统工程理论与实践，2001 (4)：8 - 13.

[41] 金菊良，杨晓华，丁晶．基于实数编码的加速遗传算法 [J]. 四

川大学学报（工程科学版），2000，32（4）：20－24.

［42］苠垆．实用模糊数学［M］．北京：科技文献出版社，1989.

［43］李波．乌鲁木齐市节水型社会建设评价研究［D］．乌鲁木齐：新疆大学，2009.

［44］李达，邢智慧，李进，吴春．水质型缺水区域节水型社会建设综合评价［J］．水电能源科学，2009，27（4）：161－164.

［45］李贵宝，张文雷．《节水型社会建设评价指标体系》简介［J］．中国标准化，2007，6：6－8.

［46］李红梅，陈宝峰．宁夏节水型社会建设评价指标体系研究［J］．水利水文自动化，2007（2）：42－46.

［47］李美娟，陈国宏．数据包络分析（DEA）的研究与应用［J］．中国工程科学，2003，5（6）：88－94.

［48］李佩成．认识规律、科学治水［J］．山东水利科技，1982（1）：18－21.

［49］李雪松，伍新木．水资源循环经济发展与创新体系［J］．长江流域资源与环境，2007，16（3）：293－297.

［50］梁建义．创建节水型社会，加强节约用水管理措施［J］．南水北调与水利科技，2003，5.

［51］廖小龙．南昌市节水型社会评价研究［D］．南昌：南昌大学，2011.

［52］林雨，张方方，方守恩．上海市公路网安全宏观评价投影寻踪模型［J］．同济大学学报（自然科学版），2008，36（9）：1216－1219.

［53］刘昌明，何希吾，任鸿遵．中国水问题研究［M］．北京：气象出版社，1996.

［54］刘昌明．关于生态需水量的概念和重要性［J］．科学对社会的影响，2002（2）：25－29.

［55］刘戈力．对节水问题的再认识［R］．中国水情分析研究报告，2001.

［56］刘兴倍．管理学原理［M］．北京：清华大学出版社，2004.

［57］刘英平，林志贵，沈祖诒．有效区分决策单元的数据包络分析方

法 [J]. 系统工程理论与实践，2006 (3)：112 - 116.

[58] 刘章君，毛祖枋. 基于模糊数学的节水型社会综合评价 [J]. 江西水利科技，2011，37 (2)：91 - 96.

[59] 卢真建，陈晓宏，王兆礼. 基于公平性的节水型社会评价研究 [J]. 中国农村水利水电，2010 (5)：31 - 35.

[60] 马向瑜. 山西晋城节水型社会建设研究 [D]. 成都：四川农业大学，2007.

[61] 马忠玉，蒋洪强. 水循环经济与水资源合理开发利用研究 [J]. 生态环境，2006，15 (2)：416 - 423.

[62] 聂晓，张弢，冯芳. 湖北省用水效率——经济发展系统耦合协调发展研究 [J]. 中国农村水利水电，2019 (4)：132 - 135.

[63] 潘大丰. 神经网络多指标综合评价方法研究 [J]. 农业系统科学与综合研究，1999，15 (2)：105 - 107.

[64] 彭焜，朱鹤，王赛鸽等. 基于系统投入产出和生态网络分析的能源—水耦合关系与协同管理研究——以湖北省为例 [J]. 自然资源学报，2018，33 (9)：1514 - 1528.

[65] 蒲晓东. 我国节水型社会建设评价指标体系以及方法研究 [D]. 南京：河海大学，2007.

[66] 乔维德. 基于 AHP 和 ANN 的节水型社会评价方法研究 [J]. 水科学与工程技术，2007 (2)：1 - 4.

[67] 邱均平，文庭孝. 评价学理论、方法与实践 [M]. 北京：科学出版社，2004：37 - 40，52 - 53，79 - 80，127 - 129.

[68] 任波. 基于“水——生态——社会”相协调的区域节水型社会评价体系研究 [D]. 呼和浩特：内蒙古农业大学，2008.

[69] 阮本清，梁瑞驹，王浩等. 流域水资源管理 [M]. 北京：科学出版社，2001：156 - 200.

[70] 沈振荣，汪林，于福亮. 节水新概念——真实节水的研究与应用 [M]. 北京：中国水利水电出版社，2000：25 - 30.

[71] 沈振荣，汪林. 节水新概念——真实节水的研究及应用 [M]. 北京：中国水利水电出版社，2000：14 - 22.

[72] 盛昭翰 .DEA 理论、方法与应用 [M]. 北京: 科学出版社, 1996.

[73] 石建锋. 张掖市建设节水型社会的几点思 [J]. 河西学院学报, 2004 (5): 36 – 40.

[74] 史俊, 文俊. 节水型社会及其评价指标的应用 [J]. 水科学与工程技术, 2006 (5): 54 – 56.

[75] 水利部发展研究中心调研组. 全国节水型社会建设试点的调研 [J]. 中国水利, 2003, 5.

[76] 水利部水利水电规划设计总院. 全国水资源综合规划技术细则节约用水部分 (修订), 2004, 7.

[77] 宋超. 水资源持续利用与循环经济发展关系初探 [J]. 山东理工大学学报 (社会科学版), 2009, 25 (2): 5 – 9.

[78] 孙海军, 雷晓云, 周世军. 五家渠市节水型社会建设方案效果评价 [J]. 新疆农垦科技, 2011 (1): 59 – 61.

[79] 孙修东. 基于人工神经网络的多指标综合评价方法研究 [J]. 郑州轻工业学院学报 (自然科学版), 2003, 18 (2): 11 – 14.

[80] 谭海欧, 林洪孝, 李华民. 城市节水规划原则及节水效果评价方法 [J]. 山东农业大学学报 (自然科学版), 2002 (3): 336 – 359.

[81] 谭显胜, 周铁军 .BP 算法改进方法的研究进展 [J]. 怀化学院学报, 2006, 25 (2): 126 – 130.

[82] 唐鹅. 国外城市节水技术与管理 [M]. 北京: 中国建筑工业出版社, 1999.

[83] 汪恕诚. 调水的战略与哲理 [J]. 新华文摘, 2005, 11.

[84] 汪恕诚. 建设节水型社会工作的若干要点 [J]. 中国水利水电科学研究院学报, 2003, 12.

[85] 汪恕诚. 认真贯彻实施水法, 加快水利事业发展 [N]. 人民日报, 2002, 9 (2): 14.

[86] 王浩, 王建华, 陈明. 我国北方干旱地区节水型社会建设的实践探索——以我国第一个节水型社会建设试点张掖地区为例 [J]. 中国水利, 2002 (10): 140 – 144.

[87] 王巨川．多指标模糊综合评判 [J]. 昆明理工大学学报，1998，23 (4)：69－71.

[88] 王敏，王卓甫，肖建红，付强，赵晓勇，邢贞相．投影寻踪分类模型在中国工业经济效益综合评价中的应用 [J]. 武汉理工大学（交通科学与工程版)，2007，31 (4)：623－626.

[89] 王巧霞，袁鹏，谢勇．集对分析在节水型社会建设评价中的应用研究 [J]. 水电能源科学，2011，29 (9)：134－137.

[90] 王顺久，张欣莉，丁晶，侯玉．投影寻踪聚类模型及其应用 [J]. 长江科学院院报，2002，19 (6)：53－55.

[91] 王松林，汪顺生，高传昌．基于 AHM 的城市节水水平综合评价 [J]. 人民黄河，2012，34 (6)：58－60.

[92] 王先甲，张熠．基于 AHP 和 DEA 的非均一化灰色关联方法 [J]. 系统工程理论与实践，2011，7 (31)：1222－1229.

[93] 王小静．济南市节水型社会评价研究 [D]. 济南：山东师范大学，2009.

[94] 王晓辉．国外城市节水概括 [EB/OL]. 中国水网，2004－10－13.

[95] 王修贵，张乾元，段永红．节水型社会建设的理论分析 [J]. 中国水利，2005 (13)：72－75.

[96] 王友贞．区域水资源承载力评价研究 [D]. 南京：河海大学，2004.

[97] 王宗军．复杂对象系统多目标综合评价的神经网络方法 [J]. 管理工程学报，1995，9 (1)：26－33.

[98] 王宗军．基于 BP 神经网络的复杂对象系统多目标综合评价方法及其应用 [J]. 小型微型计算机系统，1995，16 (1)：25－31.

[99] 魏权龄．评价相对有效性的 DEA 方法 [M]. 北京：中国人民大学出版社，1988.

[100] 吴季松．四川绵阳建设生态节水（防污）型社会的目标体系 [J]. 中国水利，2004 (8)：32－56.

[101] 徐海洋，杜明侠，张大鹏，潘乐，姚宛艳，韩栋．基于层次分析法的节水型社会评价研究 [J]. 节水灌溉，2009 (7)：31－33.

[102] 许树柏. 层次分析法原理 [M]. 天津：天津大学出版社，1988.

[103] 严立冬，江莉萍，胡彦龙，喻长兴. 湖北可持续发展水资源战略研究报告 [R]. WTO与湖北发展研究中心，2004-11-26.

[104] 颜志衡，袁鹏，黄艳，钱晓燕. 节水型社会模糊层次评价模型研究 [J]. 水电能源科学，2010，28 (4)：35-39.

[105] 杨江州，周旭，蔡振饶等. 岩溶城市（贵阳市）水资源可持续利用评价研究 [J]. 水电能源科学，2018，36 (2)：36-39.

[106] 杨军. 水库生态需水的研究与应用 [D]. 成都：西南交通大学，2005.

[107] 杨丽丽，安新正，柴福鑫，朱书全，谢新民. 延吉市节水型社会建设任务与评价指标体系研究 [J]. 节水灌溉，2008 (7)：39-41.

[108] 杨胜苏，张利国，喻玲等. 湖南省社会经济与水资源利用协调发展演化 [J]. 经济地理，2020，40 (11)：86-94.

[109] 杨玮，陈军飞，王慧敏，刘银. 江苏省节水型社会建设评价研究 [J]. 水利经济，2008，26 (1)：5-8.

[110] 杨印生. 数据包络分析（DEA）的研究进展 [J]. 吉林工业大学学报，1994，24 (4)：111-118.

[111] 杨肇蕃，孙文章. 城市和工业节约用水计划指标体系 [M]. 北京：中国建筑工业出版社，1993.

[112] 余莹莹. 区域节水型社会建设综合评价研究 [D]. 扬州：扬州大学，2007.

[113] 张宝东，王殿武，冯琳，吕杰. 节水型社会评价指标体系构建与应用 [J]. 沈阳农业大学学报，2010，41 (5)：635-637.

[114] 张德丰. MATLAB神经网络仿真与应用 [M]. 北京：电子工业出版社，2009.

[115] 张华，王东明，王晶日，吕波. 建设节水型社会评价指标体系及赋权方法研究 [J]. 环境保护科学，2010，36 (5)：65-68.

[116] 张杰，邓晓军，翟禄新等. 基于熵权的广西水资源可持续利用模糊综合评价 [J]. 水土保持研究，2018，25 (5)：385-389，396.

[117] 张凯. 水资源循环经济理论与技术 [M]. 北京：科学出版社，

2007.

[118] 张文斌. 价值工程模型与可持续发展理论：MBA 智库百科，2011.

[119] 张晓洁，汪家权. 城市工业节水效率评价研究［J］. 安徽建筑工业学院学报（自然科学版），2002（1）：42－45.

[120] 张晓京. 长江经济带湖北段水生态建设的问题、成因与对策［J］. 湖北社会科学，2018（2）：61－67.

[121] 张欣莉，王顺久，丁晶. 投影寻踪方法在工程环境影响评价中的应用［J］. 系统工程理论与实践，2002（6）：131－134.

[122] 张亚琼，何楠，陈毅洋，杨丝雯，王雷. 基于云模型的生态水利 PPP 项目利益相关者管理风险评价［J］. 中国农村水利水电，2020（12）：148－152，163.

[123] 张熠，王先甲. 基于 G_1 －法和改进 DEA 的工程项目评标方法［J］. 科研管理，2012，3（33）：136－141.

[124] 张玉山，李继清，王世玉. 基于水资源循环经济理念的水资源可持续利用探讨［J］. 现代农业科技，2012（24）：211－213.

[125] 张跃. 模糊数学方法及其应用［M］. 北京：煤炭工业出版社，1992.

[126] 章波，黄贤金. 循环经济发展指标体系研究及实证评价［J］. 中国人口·资源与环境，2005，15（3）：22－25.

[127] 赵焕臣，许树柏，和金生. 层次分析法——一种简易的新决策方法［M］. 北京：科学出版社，1986.

[128] 赵会强，张宝全. 河北省城市生活节水水平评价［J］. 河北水利科技，1997（4）：36－39.

[129] 郑炳章等. "节水型社会"概念初探［J］. 石家庄经济学院学报，2003，4.

[130] 中国赴埃及农业灌溉技术考察团. 埃及的水资源管理及经验借鉴［J］. 世界农业，2002（4）：19－21.

[131] 中华人民共和国水利部. 节水型社会建设"十二五"规划［R］. 中华人民共和国水利网站，2010.

[132] 朱思诚．城市工业用水节水水平的定量评价 [J]. 中国给水排水，1989 (15)：28 -32.

[133] 朱志豪．全面节约用水走向节水型社会 [J]. 浙江水利科技，1999 (13)：16 -18.

[134] Abdel M., Ebrahim S., Al - Tabtabaei M. Advanced Technologies for Municipal Wastewater Purification: Technical and Economic Assessment [J]. Desalination, 1999 (124): 251 -261.

[135] Adil A. R. Integrated Water Resources Management (IWRM): An Approach to Face the Challenges of the Next Century and to Avert Future Crises [J]. Desalination, 1999, 124 (1 -3): 145 -153.

[136] Andersen P. and Petersen N. C. A Procedure for Ranking Efficient Units in Data Envelopment Analysis [J]. Management Science, 1993, 39: 1261 -1264.

[137] Asano T., Levine A. D. Wastewater Reuse: A Valuable Link in Water Resources Management [J]. Water Quality International, 1995 (4): 20 -24.

[138] Asano T., Richard D., Crites R. W., Tchobanoglous G. Evolution of Tertiary Treatment Requirements for Wastewater Reuse in California [J]. Water Environment and Technology, 1992, 4 (2): 36 -41.

[139] Asano T. Proposed California Regulations for Groundwater Recharge with Reclaimed Municipal Wastewater [J]. Wat. Sci&Tech., 1993, 27 (7): 157 -164.

[140] Asno T. Irrigation with Treated Sewage Effluents [J]. Advanced Series in Agricultural Sciences, 1994 (22): 199 -228.

[141] Bakir H. A. Sustainable Wastewater Management for Small Communities in the Middle East and North Africa [J]. Journal of Environmental Management, 2001, 61 (4): 319 -328.

[142] Beecher J. A., Mann P. C., Hegazy Y. Revenue Effects of Water Conservation and Conservation Pricing: Issues and Practices [D]. National Regulatory Research Institute, Ohio State University, USA, 1994.

[143] Bhalia R., Raheja S. K. Multiple Uses of Water: A Research Pro-

posal [J]. International Irrigation Management Institute, 1996.

[144] Billings R. B., Day W. M. Price Elasticity's For Water: A Case of Increasing Block Rates [J]. Land Economics, 1980, 56 (1): 73-84.

[145] Bonomo L., Nurizzo C., Role E. Advanced Wastewater Treatment and Reuse: Related Problems and Perspectives in Italy [J]. Water Science and Technology, 1999, 40 (4-5): 21-28.

[146] Bowen R. L., Young R. A. Financial and Economic Irrigation Net Benefit Functions for Egypt's Northern Delta Water Resources Research, 1985, 21 (8): 1329-1335.

[147] Bradley B. R., Daigger G. T. A Sustainable Development Approach to wastewater in frastructure [J]. WEFTEC, 2000 (60): 1-17.

[148] Buras N. Scientific Allocation of Water Resources [M]. American Elsevier Publication Co., New York, 1972.

[149] Burness S., Chermak J., Krause K. Western Municipal Water Conservation Policy: The Case of Disaggregated Demand [J]. Water Resources Research, 2005 (41).

[150] Cai X. M., MeKinney D. C., Lasdon LS. A Framework for Sustainability Analysis in Water Resource Management and Application to the Syr Darya Basin [J]. Water Resources Research, 2002, 38 (6): Art. No. 1085.

[151] Charnes A., Cooper W. W., Golany B. Foundations of Data Envelopment Analysis for Pareto-koopmans Efficient Empirical Production Functions [J]. Journal of Econometrics, 1985, 30 (1-2): 91-107.

[152] Charnes A., Cooper W. W., Rhodes E. Measuring the Efficiency of Decision Making Units [J]. European Journal of Operational Research, 1978, 2 (6): 429-444.

[153] Chen Ying, Zhao Yong, Liu Changming, Toward Water Conservation Society: the Connotation and Assessment Indication System, Chinese Journal of Population, Resources and Environment, 2004, 2 (2): 45-48.

[154] Ciardelli G., Ranieri N. Technical Note the Treatment and Reuse of Wastewater in the Textile Industry by Means of Ozona Ion and Elect Flocculation

[J]. Water Research, 2001, 35 (2): 567 -572.

[155] Cornwell D. A., Water Stream Recycling: Its Effect on Water Quality [J]. AWWA, 1994, 86 (11): 50 -63.

[156] Dinar A. The Political Economy of Water Pricing Reforms [M]. Washington D. C.: Oxford University Press, 2000: 405.

[157] Dinar A. Water Policy Reforms: Information Need and Implementation Obstacles [J]. Water Policy, 1998, 53 (1): 367 -382.

[158] Doppler W., Salman A., Al - Karablieh E. K. The Impact of Water Price Strategies on the Allocation of Irrigation Water: the Case of the Jordan Valley [J]. Agricultural Water Management, 2002 (55): 171 -182.

[159] Doyle J. R., Green R. H. Efficiency and Cross-efficiency in DEA: Derivations, Meanings and Uses [J]. Journal of the Operational Research Society, 1994, 45 (5): 567 -578.

[160] Drewes E., Jekel M. Simulation of Groundwater Recharge with Advanced Treated Municipal Wastewater [J]. Wat. Sci&Tech., 1996, 33 (11): 349 -356.

[161] Eberhard R. Supply Pricing of Urban Water in South Africa [R]. Report to the Water Research Commission on the Project "Pricing Water as an Economic Resource: Implications for South Africa", 1998.

[162] Elnaboulsi J. C. Nonlinear Pricing and Capacity Planning for Water and Wastewater Services [J]. Water Resource Management, 2001 (2): 55 -69.

[163] Fakeries S. H. Rigidity and Quantity Rationing Rules under Stochastic Water Supply [J]. Water Resource Research, 1984 (6): 20 -23.

[164] Ferguson B. K. Storm Water Infiltration [M]. Lewis Publishers, 1996: 36 -88.

[165] Frank A. W., King J. P. Economic Incentives for Agriculture Can Promote Water Conservation [A]. Proceedings of the New Mexico State University Water Conservation Conference, 1997.

[166] Friedman J. H., Turkey J. W. A Projection Pursuit Algorithm for Ex-

ploratory Data Analysis [J]. IEEE Trans on Computer, 1974, 23 (9): 881 - 890.

[167] Gromaire - Mertz M. C. , Gamaud S. Characterization of Urban Run-off Pollution in Paris [J]. Water Science and Technology, 1999, 39 (2): 1 -8.

[168] He P. J. , Phan L. , Gu G. W. Reclaim Municipal Wastewater-a Potential Water Resource in China [J]. Water Science and Technology, 2001, 43 (10): 51 -58.

[169] Herbertson P. W. , Dovey W. J. The Allocation of Fresh Water Resources of a Tidal estuary [J]. Optimal location Water Resources (Proceedings of the Enter Symposium), 1982, 135.

[170] Huber P. J. Projection Pursuit with Discussions [J]. The Annals of Statistics, 1985, 13 (2): 435 -475.

[171] Isavan Bogardi, Lucien Duckstein, Martini Fogel. Multiobjective Decision-making as a Tool for Industrial Water Management, 2002.

[172] Javaid A. , Noble D. H. Optimization Model for Alternative Use of Different Quality Irrigation Waters [J]. Journal of Irrigation and Drainage Engineering, 1992, 118 (2): 218 -228.

[173] Jonker L. Integrated Water Resources Management: Theory, Practice, Cases [J]. Physics and Chemistry of the Earth, 2002 (27): 719 -720.

[174] Jordan J. L. Incorporating Externalities in Conservation Programs [J]. AWWA, 1995, 86 (6): 49 -56.

[175] Jordan J. L. The Effectiveness of Pricing as A Stand - Alone Water Conservation Program [J]. Water Resource Bulletin, 1994, 30 (5): 871 - 877.

[176] Kirkpatdek W. P. , Asano T. Evaluation of Tertiary Treatment Systems for Wastewater Reclamation and Reuse [J]. Water Science and Technology, 1986, 19 (10): 83 -95.

[177] Knapp K. C. Irrigation Management and Investment Under Saline, Limited Drainage Conditions: policy Analysis and Extensions [J]. Water Resource Research, 1992, 28 (12): 3099 -3109.

[178] Kolokytha E. G. Mylopoulos Y. A, Mentes A. K. Evaluating Demand Management Aspects of Urban Water Policy-a field Survey in the City of Thessaloniki [J]. Greece. Urban Water, 2002 (4): 391 -400.

[179] Kontos N., Asano T. Environmental Assessment for Wastewater Reclamation and Reuse Projects [J]. Water Science and Technology, 1996, 33 (10 -11): 473 -486.

[180] Levite H., Sally H. Linkages between Productivity and Equitable Allocation of Water [J]. Physics and Chemistry of the Earth, 2002 (27): 825 -830.

[181] L. Kelemen. Systems Approach to Planning Interplant Water Management in Industry, 2002.

[182] Loaieiga H. A., Renehan S. Municipal Water Use and Water Rates Driven by Severe Drought: A Case Study [J]. Journal of the American Water Resources Association, 1997, 33 (6): 1313 -1326.

[183] Loslovich I., Gutman P. O. A model for the Global Optimization of Water Prices and Usage for the Case [J]. Mathematics and Computers in Simulation, 2001: 347 -356.

[184] Malian R. C., Horbulyk T. M., Rowsec J. G. Market Mechanisms and the Efficient Allocation of Surface Water Resources in Southern Alberta [J]. Socio -Economic Planning Sciences, 2002 (36): 25 -49.

[185] Mark Maimon, Miehael Labial. Assessing Nassan Countys Water Conservation program [J]. Journal of Water Resources Planning and Management, 1994, 120 (1): 90 -100.

[186] Martin W. E., Kulakowski S. Water Price as A Policy Variable in Managing Urban Water Use: Tucson, Arizona [J]. Water Resources Research, 1991, 27 (2): 157 -166.

[187] Matheson Z., Ford S., Hill S. Waster Minimization Water Recycling-a Case Study at the Millennium Dome [J]. IWA Yearbook, 2000: 30 -32.

[188] Mercer L. J. The efficiency of Water Pricing: A Rate of Return Analysis for Municipal Water Department [J]. Water Resource Bull, 1986, 23 (2):

92 - 108.

[189] Michael L. J. Estimating Urban Residential Water Demand: Effects of Price Structure, Conservation and Education [J]. Water Resource Research, 1992, 28 (3): 43 - 50.

[190] Mikkelsen P. S., Adeler O. F., Albrechtsen H. J., Henze M. Collected Rainfall as a Water Source in Danish Households - What is the Potential and What are the Costs [J]. Water Science and Technology, 1999, 39 (5): 49 - 56.

[191] Mitcnell V. G., Mein R. G., McMahon T. A. Modeling the Possible Utilization of Storm Water and Wastewater Within an Urban Coachmen [J]. AWWA 17th Federal Convention, 1997: 65 - 72.

[192] Moneur JET Drought Episodes Management: the Role Price [J]. Water Resource Bull, 1988, 2.

[193] Mudege N., Taylor R. Implementing Integrated Water Resources Management in Southern Africa - A Focus on Capacity Building Efforts and Strategies [EB/OL]. CAPNet, 2003 - 01 - 20.

[194] Murdock S. H. Role of Socio Demographic Characteristics in Projections of Water Use [J]. Journal of Water Resources Planning and Management, 1991 (2): 117.

[195] Narayanan R., Beladi H. Feasibility of Seasonal Water Pricing Considering Metering Costs [J]. Water Resource Research, 1987, 23 (6): 1091 - 1099.

[196] Nkomo S., Pieter van der Zaag P. Equitable Water Allocation in A Heavily Committed International Catchment Area: the Case of the Komati Catchment [J]. Physics and Chemistry of the Earth, 2004 (29): 1309 - 1317.

[197] Otterpohl A., Albold A., Oldenburg M. Source Control in Urban Sanitation and Waste Management: Ten Systems with Reuse of Resources [J]. Water Science and Technology, 1999, 39 (5): 153 - 160.

[198] Otterpohl R., Grottkers M., Srglange J. Sustainable Water and Waste Management in Urban Areas [J]. Water Science and Technology, 1997,

35 (9): 121 - 133.

[199] Panayotou T. Economic Instruments for Environmental Management and Sustainable Development [C]. Environment Economics Series, UNEP Environment and Economic Unit, 1994 (12): 16.

[200] Papaiacovou I. A Case Study on Wastewater Reuse in Girasol as an Alternative Water Source [J]. Desalination, 2001 (38): 55 - 59.

[201] Pearson, Walsh P. D. The Derivation and Use of Control Carves for the Regional Allocation of Water Resources [J]. Water Resources Research, 1982 (7): 907 - 912.

[202] Pennacchio V. F. Price Elasticity of Water Demand with Respect to the Design of Water Rates [J]. Journal England Water Works Association, 1986, 100 (4): 442 - 452.

[203] Perrcia C., Oron G. Optimal Operation of Regional System with Diverse Water Quality Sources [J]. Journal of Water Resources Planning and Management, 1997, 203 (5): 230 - 237.

[204] Puskar, John R. How to Use ESP to Save Energy, Conserve Water [J]. Strategic Planning for Energy and the Environment, 1996, 15 (4): 63 - 67.

[205] Raftelis G. A., Van Duson J. D. Factors Affecting Water and Wastewater Rates [J]. Public Works, 1988 (2): 61 - 62.

[206] Romijn E., Taminga M. Allocation of Water Resources [J]. Proceedings of the Symposium, 1982, 135.

[207] Samer M., Jamal I. Egyptian Experience in Utilizing Recycled Water for Irrigation Purposes [J]. Desalination, 1995, 11 (93): 663 - 671.

[208] Sasikumar K., Mujumdar P. P. Fuzzy Optimization Model for Water Quality Management of a River System [J]. Journal of Water Resources Planning and Management, 1998, 124 (2): 79 - 84.

[209] Satty T. L., Vargas L. G. Uncertainty and Rank Order in the Analytic Hierarchy Process [J]. European Journal of Operational Research, 1987, 32 (1): 107 - 117.

[210] Satty T. L. A Scaling Method for Priorities in Hierarchical Structures [J]. Journal of Mathematical Psychology, 1978, 1 (1): 57 -68.

[211] Satty T. L. Axiomatic Foundation of the Analytic Hierarchy Process [J]. Management Science, 1986, 23 (7): 851 -855.

[212] Sehneider M. L. User-specific Water Demand Elasticity [J]. Journal of Water Resources Planning and Management, 1991, 117 (1): 189 -195.

[213] Seiford L. M. Data Envelopment Analysis: The Evolution of State of the Art (1978 - 1995) [J]. Journal of Production Analysis, 1996, 7: 99 - 137.

[214] Sexton T. R., Silkman R. H., Hogan A. J. Data Envelopment Analysis: Critique and extensions [A]//Proceeding of Measuring Efficiency: An Assessment of Data Envelopment Analysis [C]. 1986: 73 -104.

[215] Sheikh B., Cooper R. C., Israel K. E. Hygienic Evaluation of Reclaimed Water Used to Irrigate Food Crops-a Case Study [J]. Water Science and Technology, 1999, 40 (4 -5): 261 -267.

[216] Sheldon. Water Use and Wastewater Discharge Patterns in a Turkey Processing Plant [R]. Proceedings of the Food Processing Waste Conference, Georgia Technology Research Institute, Atlanta. 1989, 72 -74.

[217] Sheriff D. Strategic Resource Development Options in England and Wales [J]. CIWEM, 1996, 10 (6): 160 -169.

[218] Shu - Hai Y., Dyt - Hwa T, Gia - Luen G. A Case Study on the Wastewater Reclamation and Reuse in the Semiconductor Industry. Resources [J]. Conservation and Recycling, 2001 (32): 73 -81.

[219] Simonnvic S. P. Decision Support System for Sustainable Management of Water Resources [J]. Water International, 1996 (21): 223 -232.

[220] Stanley R. H., Luiken R. L. Water Rate Studies and Making Philosophy [J]. Public Works, 1982 (5): 70 -73.

[221] Steve H. Hanke. A Method for Integrating Engineering and Economic Planning [J]. Journal of the American Water Works Association, 1978, 70 (9): 487 -491.

[222] Teerink J. R., Nakashima M. Water Allocation, Rights and Pricing: Examples from Japan and the United States [C]. World Bank Paper No. 198, Washington, D. C., World Bank, 1993: 1-25.

[223] Udagawa T. Water Recycling Systems in Tokyo [J]. Desalination, 1994 (98): 309-318.

[224] United Nations. Comprehensive Assessment of the Freshwater Resources of the World [R]. Commission for Sustainable Development, Stockholm Environment Institute, Stockholm, Sweden, 1997.

[225] Urbonas B. R. Design of a Sand Filter for Storm Water Quality Enhancement [J]. Water Environ. Res., 1999, 71 (1): 102-113.

[226] US Congress Congressional Record Proceedings and Debates of the 100th Congress [R]. Second Session, 1988: 134-136.

[227] USEPA. Water Conservation Plan Guidelines [R]. US Environmental Protection Agency, Washington DC, 1998.

[228] Van der Zaag P., Seyam I. M., Savenije HHG. Towards Measurable criteria for the Equitable Sharing of International Water Resources [J]. Water Policy, 2002, 4: 19-32.

[229] Wang M., Zheng C. Ground Water Management Optimization Using Genetic Algorithms and Simulated Annealing: Formulation and Comparison [J]. Journal of the American Water Resources Association, 1998, 34 (3): 519-530.

[230] Warren D. R. IRP: A Case Study from Kansas [J]. AWWA, 1995, 88 (6): 57-71.

[231] Watkins D. W., Kinney J. M., Robust D. C. Optimization for Incorporating Risk and Uncertainty in Sustainable Water Resources Planning [J]. International Association of Hydrological Sciences, 1995, 231 (13): 225-232.

[232] Weigend A. S., Huberman B. A., Rumelhart D E. Predicting the Future: a Connectionist Approach [J]. International Journal of Neural Systems, 1990, 1 (3): 193-209.

[233] Wicholns D. Motivating Reduction in Drain Water with Block-Rater

Prices for Irrigation Water [J]. Water Resource Bull, 1991, 4.

[234] Willis R., Yeh G. Groundwater System Planning and Management [M]. New Jersey Prentice Hall, 1987.

[235] Yeh G. Reservoir Management and Operations Models, A State of the art Review [J]. Water Resources Research, 1985 (12): 1797 – 1818.

[236] Yevjevich V. Effects of Area and Time Horizons in Comprehensive and Integrated Water Resources Management [J]. Water Science and Technology, 1995, 31 (8): 19 – 25.

附录 A 节水型社会建设评价指标体系（试行）

类别	序号	指标
综合性指标	1	人均 GDP 增长率
	2	人均综合用水量
	3	万元 GDP 取水量及下降率
	4	三产用水比例
	5	计划用水率
	6	自备水源供水计量率
	7	其他水源替代水资源利用比例
节水管理	8	管理体制与管理机构
	9	制度法规
	10	节水型社会建设规划
	11	用水总量控制与定额管理两套指标体系的建立与实施
	12	促进节水防污的水价机制
	13	节水投入保障
	14	节水宣传
生活用水	15	城镇居民人均生活用水量
	16	节水器具普及率（含公共生活用水）
	17	居民生活用水户表率
生产用水	18	灌溉水利用系数
	19	节水灌溉工程面积率
	20	农田灌溉亩均用水量
	21	主要农作物用水定额
	22	万元工业增加值取水量
	23	工业用水重复利用率
	24	主要工业行业产品用水定额

续表

类别	序号	指标
生产用水	25	自来水厂供水损失率
	26	第三产业万元增加值取水量
	27	污水处理回用率
生态指标	28	工业废水达标排放率
	29	城市生活污水处理率
	30	地表水水功能区达标率
	31	地下水超采程度（地下水超采区使用）
	32	地下水水质Ⅲ类以上比例

注：《节水型社会建设评价指标体系（试行）》仅列出具有典型性、代表性的评价指标，各地区可结合地区实际情况，根据需要增补其他指标。

附录B　评价指标（试行）解释与计算分析方法

序号	指标	指标解释	计算分析方法
1	人均 GDP 增长率	地区评价期内人均 GDP 年平均增长率	用平均法计算
2	人均综合用水量	地区取水资源量的人口平均值	评价取用水资源总量/地区总人口
3	万元 GDP 取水量	地区每产生一万元国内生产总值的取水量	地区总取水量/GDP
	万元 GDP 取水量下降率	地区评价期内万元 GDP 用水量年平均下降率	用平均法计算
4	三产用水比例	第一、第二、第三产业用水比例	
5	计划用水率	评价年列入计划的实际取水量占总取水量的百分比	计划内实际取水量/总取水量×100%
6	自备水源供水计量率	所有企事业单位自建供水设施计量供水量占自备水源总供水量百分比	所有企事业单位自建供水设施计量供水量/自备水源总供水量×100%
7	其他水源利用替代水资源比例	海水、苦咸水、雨水、再生水等其他水源利用量折算成的替代常规水资源量占水资源总取用量的百分比	海水、苦咸水、雨水、再生水等其他水源利用量折算成的替代水资源量/水资源取用量×100%
8	管理体制与管理机构	涉水事务一体化管理；县级及县级以上政府都有节水管理机构，县以下政府有专人负责，企业、单位有专人管理，建立农民用水者协会	定性分析
9	制度法规	用水权分配、转让和管理制度；取水许可制度和水资源有偿使用制度；水资源论证制度；排污许可和污染者付费制度；节水产品认证和市场准入制度；用水计量与统计制度等；具有系统性的水资源管理法规、规章，特别是计划用水、节约用水的法规与规章	定性分析

续表

序号	指标	指标解释	计算分析方法
10	节水型社会建设规划	县级及县级以上政府制定节水型社会建设规划	定性分析
11	用水总量控制与定额管理两套指标体系的建立与实施	具有取用水总量控制指标；具有科学适用的用水定额；两套指标的贯彻落实情况	定性分析
12	促进节水的水价机制	建立充分体现水资源紧缺、水污染严重状况，促进节水防污的水价机制	定性分析
13	节水投入保障	政府要保障节水型社会建设的稳定的投入；拓宽融资渠道，积极鼓励民间资本投入	定性分析
14	节水宣传	将水资源节约保护纳入教育培训体系，利用多种形式开展宣传；节水意识深入人心，全社会形成节水光荣的风尚；加强舆论监督，建立健全举报机制	定性分析
15	城镇居民人均生活用水量	评价年地区城镇居民生活用水量的城镇人口平均值	城镇综合生活用水总量（生活用水，不含第三产业用水）/城镇人口数
16	节水器具普及率（含公共生活用水）	第三产业和居民生活用水使用节水器具数与总用水器具之比	第三产业和居民生活用水使用节水器具数/总用水器具数×100%
17	居民生活用水户表率	居民家庭自来水装表户占总用水户的百分比	居民家庭自来水装表户数/总用水户数×100%
18	灌溉水利用系数	作物生长实际需要水量占灌溉水量的比例	灌溉农作物实际需要的水量/灌溉水量
19	节水灌溉工程面积率	节水灌溉工程面积占有效灌溉面积的百分比	投入使用的节水灌溉工程面积/有效灌溉面积×100%
20	农田灌溉亩均用水量（平水年）	农业实际灌溉面积上的亩均用水量	实际灌溉水量/实际灌溉面积
21	主要农作物实际灌溉用水定额	地区（平水年）每种主要农作物实际灌溉亩均用水量	根据地区实际确定需要评价的主要农作物，统计每种主要农作物（平水年）亩均灌溉用水量的平均值
22	万元工业增加值取水量	地区评价年工业每产生一万元增加值的取水量	评价年工业水资源取用总量/工业增加值

续表

序号	指标	指标解释	计算分析方法
23	工业用水重复利用率	工业用水重复利用量占工业总用水的百分比	工业用水重复利用量/工业总用水量×100%
24	主要工业行业产品用水定额	地区主要工业行业产品实际用水定额	根据地区实际确定高用水行业及其主要产品，统计高用水行业主要产品实际用水定额
25	自来水厂供水损失率	自来水厂产水总量与收费水量之差占产水总量的百分比	[（自来水厂）出厂水量－收费水量]/出厂水量×100%
26	第三产业万元增加值取水量	地区评价年第三产业每产生一万元增加值的取水量	评价年第三产业水资源取用总量/第三产业增加值
27	污水处理回用率	污水处理后回用量占污水处理总量的百分比	污水处理后回用量/污水处理总量×100%
28	工业废水达标排放率	达标排放的工业废水量占工业废水排放总量的百分比	达标排放的工业废水量/工业废水排放总量×100%
29	城市生活污水处理率	城市处理的生活污水量占城市生活污水总量的百分比	城市处理的生活污水量/城市生活污水总量×100%
30	地表水水功能区达标率	水功能区达标数占水功能区总数的百分比	水功能区达标水面面积/划定水功能区水面总面积总数×100%
31	地下水超采程度	对地下水超采进行评价	按照SL 286－2003《地下水超采区评价导则》进行
32	地下水水质Ⅲ类以上比例	地下水Ⅲ类以上（Ⅰ、Ⅱ、Ⅲ类）水面积占地下水评价面积的比例	评价区地下水Ⅰ、Ⅱ、Ⅲ类水面积/评价面积×100%

附录C　国外有关节水先进指标

指标	指标值	国家	年份
万元GDP取水量（立方米/万美元）	69	英国	2000
万元GDP取水量下降率（%）①	18.3	日本	1980～1990
灌溉水有效利用系数	0.7～0.8	以色列	2000
节水灌溉工程面积率（%）	84	法国	1995
工业用水重复利用率（%）	94.5	美国	2000
工业万元增加值用水量（立方米/万美元）	115	日本	2000
工业废水处理回用率（%）	77.9	日本	1995
工业间接冷却水重复利用率（%）	98	美国	1995
自来水厂供水损失率（%）	6以下	美国	2000
河流水质达标率（%）	85	美国	1990
工业废水达标排放率（%）	100	美国	1995
城市生活污水集中处理率（%）	100	美国	1995

注：①我国北京2002年为17.5。

附录 D　我国各类型区有关指标先进值

指标	类型区						备注
	1 区	2 区	3 区	4 区	5 区	6 区	
万元 GDP 取水量（立方米）	155	188	74	434	224	259	按省级行政区（2004 年值）
人均 GDP 增长率（%）	15.2	12.4	15.7	16.3	13.9	17.5	按省级行政区（2000～2004 年）
万元 GDP 取水量下降率（%）	15.1	14.5	16.8	11.7	14.8	16.4	按省级行政区（2000～2004 年）
计划用水率（%）	100	100	100	100	100	100	目标
自来水厂供水损失率（%）	7.6（珠海）	7.5（大庆）	5.9（保定）	7.4（桂林）	3.8（兰州）	5.8（哈密）	依据 2000 年城镇供水年鉴
居民生活用水户表率（%）	100	100	100	100	100	100	目标
灌溉水渠系利用系数	0.65	0.55	0.79	0.6	0.55	0.7	按省级行政区（2003 年值）
节水灌溉工程面积率（%）	59.3	57.6	81.8	45.6	37.2	65.8	按省级行政区（2004 年值）
工业万元增加值取水量（立方米）	104	70	35	170	145	108	按省级行政区（2004 年值）
工业用水重复利用率（%）	80.3	72	91	46.3	59	81	按省级行政区（2003 年值）
水功能区达标率（%）	100	100	100	100	100	100	目标
工业废水达标排放率（%）	87.1	95 以上	97 以上	87.2	84.5	87.3	按省级行政区（2002 年值）

需要说明的是：根据各地水资源（考虑过境水）和人均 GDP 情况，将

全国划分为6个类型区，分区如下：

分区	省区市
1	上海、苏南苏中、浙江、福建、广东、海南
2	辽宁（辽河流域除外）、黑龙江、河南中部
3	北京、天津、辽宁（辽河流域）、山东
4	安徽中南部、江西、河南南部、湖北、湖南、广西、重庆、四川、贵州、云南、西藏、陕南、青海西部
5	吉林、苏北、安徽北部、青海中东部
6	河北、山西、内蒙古、河南北部、陕北、甘肃、宁夏、新疆

附录E 节水型社会建设评价指标筛选专家调查表

我国目前水资源所面临的严峻形势和粗放的用水方式已经成为制约经济社会发展的重要因素之一。最根本的解决措施就是转变我国经济发展方式，贯彻节约优先和环保优先的方针政策，重点建设环境友好型和资源节约型社会，而其中的节水型社会建设是最有效的解决途径之一。节水型社会建设不仅是解决我国水资源短缺、用水浪费以及水生态环境严重恶化等一系列问题的最根本措施，而且也是我国经济社会全面实现可持续发展的必由之路。为了科学监控我国节水型社会建设的步伐和进程，对我国节水型社会建设的状况和水平进行评价，首要的就是要构建一套科学合理的评价指标体系。

为构建一套科学合理、操作性较强，并且能够在全国范围内推广的节水型社会建设评价指标体系，在总结和分析了众多学者研究成果的基础之上设计了此调查表，用以最终筛选出适宜的节水型社会建设评价指标。请根据您从事节水型社会建设的经验做出选择。

初步节水型社会建设评价指标体系具体如下表所示。

初步节水型社会建设评价指标体系

节水型社会建设水平综合评价（A）	水资源系统（B_1）	综合节水（C_1）	万元GDP用水量（X_1）
			万元GDP用水量下降率（X_2）
			人均用水量（X_3）
			水资源开发利用率（X_4）
			水资源可采比（X_5）
			水资源缺水率（X_6）
			单方节水投资（X_7）

续表

节水型社会建设水平综合评价（A）	水资源系统（B_1）	农业节水（C_2）	单方水粮食产量（X_8）
			农田灌溉亩均用水量（X_9）
			灌溉水利用系数（X_{10}）
			节水灌溉工程面积率（X_{11}）
			主要农作物用水定额（X_{12}）
			单方农业节水投资（X_{13}）
		工业节水（C_3）	万元工业产值用水量（X_{14}）
			工业用水重复利用率（X_{15}）
			工业废水处理回用率（X_{16}）
			主要工业产品用水定额（X_{17}）
			单方工业节水投资（X_{18}）
		生活节水（C_4）	城镇居民人均生活用水量（X_{19}）
			农村居民人均生活用水量（X_{20}）
			供水管网漏损率（X_{21}）
			节水器具普及率（X_{22}）
			生活污水处理回用率（X_{23}）
			单方生活节水投资（X_{24}）
		节水管理（C_5）	管理体制与管理机构（X_{25}）
			节水型建设规划（X_{26}）
			促进节水防污的水价机制（X_{27}）
			节水投入保障（X_{28}）
			节水宣传（X_{29}）
	生态环境系统（B_2）	生态建设（C_6）	水功能区水质达标率（X_{30}）
			水土保持率（X_{31}）
			森林覆盖率（X_{32}）
			建成区绿化覆盖率（X_{33}）
			生态用水比例（X_{34}）
			生态用水定额（X_{35}）
			地下水水质Ⅲ类以上比例（X_{36}）

续表

节水型社会建设水平综合评价（A）	生态环境系统（B_2）	生态治理（C_7）	工业废水达标排放率（X_{37}）
			城市生活污水处理率（X_{38}）
	经济社会系统（B_3）	经济发展（C_8）	人均 GDP（X_{39}）
			人均收入（X_{40}）
			GDP 增长率（X_{41}）
			第一产业增加值比重（X_{42}）

问卷调查部分：

1. 综合节水评价指标

初选指标	是否选用	相关说明
（1）万元 GDP 用水量（X_1）		
（2）万元 GDP 用水量下降率（X_2）		
（3）人均用水量（X_3）		
（4）水资源开发利用率（X_4）		
（5）水资源可采比（X_5）		
（6）水资源缺水率（X_6）		
（7）单方节水投资（X_7）		
新增指标及说明		

2. 农业节水评价指标

初选指标	是否选用	相关说明
（1）单方水粮食产量（X_8）		
（2）农田灌溉亩均用水量（X_9）		
（3）灌溉水利用系数（X_{10}）		
（4）节水灌溉工程面积率（X_{11}）		
（5）主要农作物用水定额（X_{12}）		

续表

初选指标	是否选用	相关说明
（6）单方农业节水投资（X_{13}）		
新增指标及说明		

3. 工业节水评价指标

初选指标	是否选用	相关说明
（1）万元工业产值用水量（X_{14}）		
（2）工业用水重复利用率（X_{15}）		
（3）工业废水处理回用率（X_{16}）		
（4）主要工业产品用水定额（X_{17}）		
（5）单方工业节水投资（X_{18}）		
新增指标及说明		

4. 生活节水评价指标

初选指标	是否选用	相关说明
（1）城镇居民人均生活用水量（X_{19}）		
（2）农村居民人均生活用水量（X_{20}）		
（3）供水管网漏损率（X_{21}）		
（4）节水器具普及率（X_{22}）		
（5）生活污水处理回用率（X_{23}）		
（6）单方生活节水投资（X_{24}）		
新增指标及说明		

5. 节水管理评价指标

初选指标	是否选用	相关说明
（1）管理体制与管理机构（X_{25}）		
（2）节水型建设规划（X_{26}）		
（3）促进节水防污的水价机制（X_{27}）		
（4）节水投入保障（X_{28}）		
（5）节水宣传（X_{29}）		
新增指标及说明		

6. 生态建设评价指标

初选指标	是否选用	相关说明
（1）水功能区水质达标率（X_{30}）		
（2）水土保持率（X_{31}）		
（3）森林覆盖率（X_{32}）		
（4）建成区绿化覆盖率（X_{33}）		
（5）生态用水比例（X_{34}）		
（6）生态用水定额（X_{35}）		
（7）地下水水质Ⅲ类以上比例（X_{36}）		
新增指标及说明		

7. 生态治理评价指标

初选指标	是否选用	相关说明
（1）工业废水达标排放率（X_{37}）		

续表

初选指标	是否选用	相关说明
（2）城市生活污水处理率（X_{38}）		
新增指标及说明		

8. 经济发展评价指标

初选指标	是否选用	相关说明
（1）人均 GDP（X_{39}）		
（2）人均收入（X_{40}）		
（3）GDP 增长率（X_{41}）		
（4）第一产业增加值比重（X_{42}）		
新增指标及说明		

附录F　节水型社会建设评价指标权重专家调查表

尊敬的专家：

您好！我们是“节水型社会建设评价”课题组的成员，目前已完成节水型社会建设评价指标体系的构建，接下来很重要的一步是确定这些评价指标的权重。希望您能从百忙之中抽出时间来填写下面的问卷，比较这些指标的重要程度。您的答案对我们的课题有着重要的影响。

1. 问卷说明

本项问卷的目的是应用 G_1 – 法确定节水型社会建设各项指标的权重。已经建立的节水型社会建设评价指标体系包括四个层次。请您结合各指标对节水型社会建设的重要性来填写问卷。谢谢您的合作！

2. 节水型社会评价指标体系

<table>
<tr><th>目标层</th><th>准则层</th><th>要素层</th><th>指标层</th></tr>
<tr><td rowspan="10">节水型社会建设水平综合评价（A）</td><td rowspan="10">水资源系统（B_1）</td><td rowspan="3">综合节水（C_1）</td><td>万元 GDP 用水量（D_1）</td></tr>
<tr><td>万元 GDP 用水量下降率（D_2）</td></tr>
<tr><td>人均用水量（D_3）</td></tr>
<tr><td rowspan="4">农业节水（C_2）</td><td>单方水粮食产量（D_4）</td></tr>
<tr><td>农田灌溉亩均用水量（D_5）</td></tr>
<tr><td>灌溉水利用系数（D_6）</td></tr>
<tr><td>节水灌溉工程面积率（D_7）</td></tr>
<tr><td rowspan="3">工业节水（C_3）</td><td>万元工业产值用水量（D_8）</td></tr>
<tr><td>工业用水重复利用率（D_9）</td></tr>
<tr><td>工业废水处理回用率（D_{10}）</td></tr>
</table>

续表

目标层	准则层	要素层	指标层
节水型社会建设水平综合评价（A）	水资源系统（B_1）	生活节水（C_4）	城镇居民人均生活用水量（D_{11}）
			农村居民人均生活用水量（D_{12}）
			供水管网漏损率（D_{13}）
			节水器具普及率（D_{14}）
		节水管理（C_5）	管理体制与管理机构（D_{15}）
			节水型建设规划（D_{16}）
			促进节水防污的水价机制（D_{17}）
			节水投入保障（D_{18}）
			节水宣传（D_{19}）
	生态环境系统（B_2）	生态建设（C_6）	水功能区水质达标率（D_{20}）
			森林覆盖率（D_{21}）
			建成区绿化覆盖率（D_{22}）
			生态用水比例（D_{23}）
		生态治理（C_7）	工业废水达标排放率（D_{24}）
			城市生活污水处理率（D_{25}）
	经济社会系统（B_3）	经济发展（C_8）	人均 GDP（D_{26}）
			GDP 增长率（D_{27}）
			第一产业增加值比重（D_{28}）

3. 具体步骤

（1）确定序关系。

对于评价指标集 $B=\{B_1, B_2, \cdots, B_j, \cdots B_n\}(j=1, 2, \cdots, n)$，专家先针对某个评价准则，在指标集中选出认为是最重要的一个且只有一个指标，记为 B_1^*；接着在余下的 n－1 个指标中，选出认为是最重要的一个且只有一个指标，记为 B_2^*；…；然后在余下的 $n-(k-1)$ 个指标中，选出认为是最重要的一个且只有一个指标，记为 B_k^*；…；经过 n－1 次选择后剩下的评价指标记为 B_n^*。这样就确定了一个序关系：$B_1^* > B_2^* > \cdots > B_{k-2}^* > B_{k-1}^* > B_k^* > \cdots > B_n^*$。

（2）对 B_{k-1}^* 与 B_k^* 间相对重要程度进行比较判断。

设专家关于评价指标 B_{k-1}^* 与 B_k^* 之间重要性程度之比 w_{k-1}^*/w_k^* 的比较判断分别为：$f_k=\frac{w_{k-1}^*}{w_k^*}(k=n, n-1, \cdots, 3, 2)$。$f_k$ 的赋值可参考附表 F-1。

附表 F-1　　　　赋值参考表

f_k	含义
1.0	表示两者具有同等重要性
1.2	表示前者比后者稍微重要
1.4	表示前者比后者明显重要
1.6	表示前者比后者强烈重要
1.8	表示前者比后者极端重要
1.1、1.3、1.5、1.7	相邻判断 1.0～1.2、1.2～1.4、1.4～1.6、1.6～1.8 的中值

4. 问卷调查

（1）二级评价指标的序关系以及相对重要性程度之比（针对总目标 A）。

按照上述步骤方法，由专家先给出针对总目标 A，各二级评价指标的序关系 $C_1^*>C_2^*>C_3^*>C_4^*>C_5^*>C_6^*>C_7^*>C_8^*$，再根据上述赋值参考表给出各二级评价指标的相对重要性程度之比：$f_2=\frac{W_{C1}^*}{W_{C2}^*}$，$f_3=\frac{W_{C2}^*}{W_{C3}^*}$，$f_4=\frac{W_{C3}^*}{W_{C4}^*}$，$f_5=\frac{W_{C4}^*}{W_{C5}^*}$，$f_6=\frac{W_{C5}^*}{W_{C6}^*}$，$f_7=\frac{W_{C6}^*}{W_{C7}^*}$，$f_8=\frac{W_{C7}^*}{W_{C8}^*}$。

二级评价指标的序关系以及相对重要性程度之比（针对总目标 A）	
序关系	
f_2	
f_3	
f_4	
f_5	

续表

二级评价指标的序关系以及相对重要性程度之比（针对总目标 A）	
f_6	
f_7	
f_8	

（2）三级评价指标权重的确定（针对其上一层次目标）。

①针对综合节水评价 C_1，三级评价指标的序关系及相对重要性程度之比。

按照上述步骤方法，由专家先给出针对综合节水评价 C_1，各三级评价指标的序关系 $D_1^* > D_2^* > D_3^*$，再根据上述赋值参考表给出各三级评价指标的相对重要性程度之比：$f_2 = \frac{w_{D1}^*}{w_{D2}^*}$，$f_3 = \frac{w_{D2}^*}{w_{D3}^*}$。

三级评价指标的序关系以及相对重要性程度之比（针对综合节水评价 C_1）	
序关系	
f_2	
f_3	

②针对农业节水评价 C_2，三级评价指标的序关系及相对重要性程度之比。

按照上述步骤方法，由专家先给出针对农业节水评价 C_2，各三级评价指标的序关系 $D_4^* > D_5^* > D_6^* > D_7^*$，再根据上述赋值参考表给出各三级评价指标的相对重要性程度之比：且给出 $f_5 = \frac{w_{D4}^*}{w_{D5}^*}$，$f_6 = \frac{w_{D5}^*}{w_{D6}^*}$，$f_7 = \frac{w_{D6}^*}{w_{D7}^*}$。

三级评价指标的序关系以及相对重要性程度之比（针对农业节水评价 C_2）	
序关系	
f_5	
f_6	
f_7	

③针对工业节水评价 C_3，三级评价指标的序关系及相对重要性程度之比。

按照上述步骤方法，由专家先给出针对工业节水评价 C_3，各三级评价指标的序关系 $D_8^* > D_9^* > D_{10}^*$，再根据上述赋值参考表给出各三级评价指标的相对重要性程度之比：$f_9 = \frac{w_{D8}^*}{w_{D9}^*}$，$f_{10} = \frac{w_{D9}^*}{w_{D10}^*}$。

三级评价指标的序关系以及相对重要性程度之比（针对工业节水评价 C_3）	
序关系	
f_9	
f_{10}	

④针对生活节水评价 C_4，三级评价指标的序关系及相对重要性程度之比。

按照上述步骤方法，由专家先给出针对生活节水评价 C_4，各三级评价指标的序关系 $D_{11}^* > D_{12}^* > D_{13}^* > D_{14}^*$，再根据上述赋值参考表给出各三级评价指标的相对重要性程度之比：$f_{12} = \frac{w_{D11}^*}{w_{D12}^*}$，$f_{13} = \frac{w_{D12}^*}{w_{D13}^*}$，$f_{14} = \frac{w_{D13}^*}{w_{D14}^*}$。

三级评价指标的序关系以及相对重要性程度之比（针对生活节水评价 C_4）	
序关系	
f_{12}	
f_{13}	
f_{14}	

⑤针对节水管理评价 C_5，三级评价指标的序关系及相对重要性程度之比。

按照上述步骤方法，由专家先给出针对节水管理评价 C_5，各三级评价指标的序关系 $D_{15}^* > D_{16}^* > D_{17}^* > D_{18}^* > D_{19}^*$，再根据上述赋值参考表给出各三级评价指标的相对重要性程度之比：$f_{16}=\frac{w_{D15}^*}{w_{D16}^*}$，$f_{17}=\frac{w_{D16}^*}{w_{D17}^*}$，$f_{18}=\frac{w_{D17}^*}{w_{D18}^*}$，$f_{19}=\frac{w_{D18}^*}{w_{D19}^*}$。

三级评价指标的序关系以及相对重要性程度之比（针对节水管理评价 C_5）	
序关系	
f_{16}	
f_{17}	
f_{18}	
f_{19}	

⑥针对生态建设评价 C_6，三级评价指标的序关系及相对重要性程度之比。

按照上述步骤方法，由专家先给出针对生态建设评价 C_6，各三级评价指标的序关系 $D_{20}^* > D_{21}^* > D_{22}^* > D_{23}^*$，再根据上述赋值参考表给出各三级评价指标的相对重要性程度之比：$f_{21}=\frac{w_{D20}^*}{w_{D21}^*}$，$f_{22}=\frac{w_{D21}^*}{w_{D22}^*}$，$f_{23}=\frac{w_{D22}^*}{w_{D23}^*}$。

三级评价指标的序关系以及相对重要性程度之比（针对生态建设评价 C_6）	
序关系	
f_{21}	
f_{22}	
f_{23}	

⑦针对生态治理评价 C_7，三级评价指标的序关系及相对重要性程度之比。

按照上述步骤方法，由专家先给出针对生态治理评价 C_7，各三级评价指标的序关系 $D_{24}^* > D_{25}^*$，再根据上述赋值参考表给出各三级评价指标的相对重要性程度之比：$f_{25}=\frac{w_{D24}^{*}}{w_{D25}^{*}}$。

三级评价指标的序关系以及相对重要性程度之比（针对生态治理评价 C_7）	
序关系	
f_{25}	

⑧针对经济发展评价 C_8，三级评价指标的序关系及相对重要性程度之比。

按照上述步骤方法，由专家先给出针对经济发展评价 C_8，各三级评价指标的序关系 $D_{26}^{*}>D_{27}^{*}>D_{28}^{*}$，再根据上述赋值参考表给出各三级评价指标的相对重要性程度之比：$f_{27}=\frac{w_{D26}^{*}}{w_{D27}^{*}}$，$f_{28}=\frac{w_{D27}^{*}}{w_{D28}^{*}}$。

三级评价指标的序关系以及相对重要性程度之比（针对经济发展评价 C_8）	
序关系	
f_{27}	
f_{28}